기술사 3관왕이 알려주는

기술사
한번에
합격하기

— 기 술 사 3 관 왕 이   알 려 주 는 —

기술사
한번에
합격하기

이문호 지음

◯ (주)시대고시기획

목차 CONTENTS

목차 CONTENTS

CONTENTS

목차 CONTENTS

기술사 자격증 3개를 어떻게 취득하였는가?

회사생활을 하다 보면 누구에게나 슬럼프가 찾아온다. 그게 얼마나 자주 오느냐의 차이는 있으나 슬럼프를 겪지 않은 사람은 없을 것이다.

필자에게도 2005년 12월경, 건설회사 10년 차에 접어들었을 때 슬럼프가 왔다. 당시 필자가 근무하던 현장은 5,000세대 가까운 대단지 아파트를 건설하는 현장으로, 토공사와 기초 콘크리트 공사가 진행되는 초기 현장이었다. 동기초는 두께가 1m가 넘고 물량은 한 동당 2,500m³가 넘는다. 그날은 영하 15도가 넘는 아주 추운 날씨로 기억된다. 낮에도 기온이 영하로 떨어져 천막을 친 상태에서 콘크리트를 타설해야 했다. 준비는 전날부터 했으나 바람 때문에 아침

일찍 다시 천막을 수선하고 타설을 시작해 밤 9시에가 되서야 타설이 완료되었다. 영하의 날씨에는 콘크리트 동해를 방지하기 위해 철야를 해서 보온양생을 한다. 열풍기를 가동하고 천막이 열린 곳 없는지 확인하고 숙소로 돌아오니 새벽 1시였다. 모두 잠든 숙소에 가만히 앉아 맥주 한잔하며 이틀 동안 근무한 시간을 계산해 보니 36시간이었다. '무슨 부귀영화를 누리려고 이렇게 살고 있을까?'라는 생각이 들면서 슬럼프가 온 것이다. 그 와중에 양생용 천막이 바람에 날려 찢어진 부분으로 찬 공기가 계속 유입되어 콘크리트 내부 온도가 떨어진 것을 팀장이 발견하고 잔소리를 늘어놓기 시작하였다.

이런저런 이유로 한동안 직장을 그만두어야겠다는 생각 때문에 일을 할 수 없을 정도였다. 그때 평소 의지하며 지내던 한 살 차이 옆 공구 후배를 만나 술 한잔하며 이야기를 하던 중 관둘 때 관두더라도 자기처럼 번듯한 기술사 자격증 하나 갖고 퇴직하는 게 어떻겠냐고 하는데, 순간 정신이 번쩍 들었다. 말로만 듣던 기술사 자격증을 가진 사람을 처음 보았다. 지금이야 기술사 자격증 없으면 현장 대리인을 할 수 없지만, 그 당시에는 경험이 곧 자격증이었기 때문에 기술사가 많이 필요하지가 않아 자격증을 취득하는 사람도 많지 않았고, 자격증에 관심 있는 사람도 없었다. 후배는 그 당시 기술사 자격증 수당으로 15만 원을 받는다고 하였다. 그 당시 월급이 300만 원 정도였던 것으로 기억하는데 월급의 5%를 수당으로 받고 있었던 것이다. 그 당시 필자는 흔한 건축기사 자격증도 없었기 때문에 그 후배가 부럽기 그지없었다.

그날부터 여기저기 수소문하여 기술사와 교재 등에 대해 알아보고 공부를 시작하였다. 그 당시 매년 1회 시험은 2월 말경 일요일에 실시되었기 때문에 12월부터 시작하면 시험 준비기간이 100일 정도 된다. 회사를 관두기 위해 시작된 자격증 취득 프로젝트, 이름하여 '기술사 취득 100일 작전' 계획표를 멋지게 만들고 준비하던 중에 운명의 신이 필자에게로 돌아서는 일이 발생하였다. 현장에서 기술사 취득을 적극 권장하고 본사 차원에서 기술사를 취득한 직원에게 여행상품권, 특별 보너스 등을 지급한다는 것이다. 수당도 받고 보너스도 받고 여행도 가고 1석3조로, 안 할 이유가 없지 않은가? 그날로 현장 내 건축직원들과 건축시공기술사를 취득하기 위해 스터디 모임을 만들고 강사를 초빙하였다. 제84회 시험대비 주 2회 야간수업을 조건으로 현장에서 강의를 들었다. 이름을 밝힐 수 없지만 현재도 왕성하게 활동 중이신 강사님을 모시고 매우 열심히 수업을 들었고, 스터디 모임에서 15% 넘는 합격률을 보였다.

지금 그 순간을 돌이켜 보면 정말 최선의 선택을 한 것이고 내 인생의 몇 번 안 되는 기회를 제공받았다는 생각이 든다. 공부방법은 본문에서 언급하겠지만 정말 열심히 공부했던 기억이 난다. 밥 먹는 시간도 아까워 밥을 빨리 먹고 용어를 외웠고, 25분의 시간만 나면 문제풀이를 하였다. 시험 당일 손이 떨려 답안지를 작성할 수 없을 정도로 쓰기를 많이 하였으며 어떻게 표현해야 할지 모르겠지만, 지금도 그때 문제를 풀라고 하면 풀어서 합격할 수 있을 정도로 쓰기에 집중하였다. 기술사 자격증 1개 취득하기가 어렵지 건축시공기술사를 취득한 이후 두 번째 건설안전기술사, 세 번째 건축품질시험기술사를 취득하는 것은 그리 어렵지 않았다는 생각이 든다.

건축시공기술사가 중요한 이유는 건설안전기술사 기술 부분, 건축품질시험기술사 시공 부분에 지식의 밑바탕이 되는 부분과 공통적으로 사용되는 부분이 많기 때문이다. 지금 기술자로서 기술사를 준비하는 분이 있다면 무조건 시공기술사부터 취득하라고 권하고 싶다. 철저하게 준비하여 1개 취득하는 것에 그치지 말고 2~3개 취득할 수 있도록 준비하기 바란다.

이 책을 쓰는 이유는 기술적인 지식을 알려 주기 위함이 아니다. 그것은 이 글을 읽고 계신 여러분들이 더 잘 알 것이다. 단지 기술사를 처음 준비하시는 분, 기술사를 취득하려고 여러 번 시험을 봤으나 50점대로 불합격하시는 분, 기술사 시험을 보고 싶지만 어떻게 준비해야 하는지 전혀 감이 안 잡히시는 분을 위해 이 책을 집필하게 되었다. 요즘 기술사는 선택이 아니라 필수가 되었다. 이제 건축시공기술사, 토목시공기술사는 어느 정도 기본 베이스로 갖추어져 있어야 한다. 인터넷에 기술사를 검색하면 카페나 블로그 등에서 많은 자료를 수집할 수 있다. 그러나 부분 부분을 모아야 전체를 아우를 수 있는 자료가 되기 때문에 전체를 만들기까지 많은 시간이 소요된다. 아직까지 e-book보다 종이책이 더 잘 팔리는 이유는 내용을 한 번에 볼 수 있고, 한 번 보면 끝까지 읽을 수 있기 때문이다. 온라인에서 많은 자료를 취합하거나 결론 내리기까지 걸리는 시간을 축소시켜 기술사를 준비하는 사람들에게 도움이 되었으면 한다.

　기술사를 준비하는 사람들은 대부분 회사에 다니며 바쁘기 때문에 시험 관련 자료를 모으는 데 시간을 할애하기 어렵다. 그래서 기술사 자격증을 한 번에 취득할 수 있는 방법을 한눈에 볼 수 있도록 모든 내용을 이 책에 담았다. 본문에서 제시하는 방법대로, 과정별로 꾸준히 공부해서 모두 기술사 자격증을 꼭 취득하기 바란다.

저자 토리온87

#WHY

제 1 장

왜
기술사를
취득해야 하는가?

01

/

기술사의 이점과 할 수 있는 것

한국산업인력공단 통계에 따르면 현재 건축시공기술사는 2020년 기준 9,613명으로(한국산업인력공단 2020 국가기술자격 통계연보 인용) 전체 건축엔지니어 숫자에 비하면 매우 적은 숫자이다. 대부분의 건축시공기술사는 현장에서 소장으로 일하고 있는데, 이는 정부에서 기술자를 보호하기 위해 기술사의 위상을 높인 것이다. 회사에서도 수당까지 지급하며 기술사 자격증을 취득하라고 독려한다. 기술사 자격증을 취득하면 어떤 장점이 있는지 한 번 생각해 볼 문제이다. 필자가 생각하는 기술사로서의 이점과 기술사 자격증으로 할 수 있는 것은 다음과 같다.

① 어느 회사에서도 자격증 수당을 지급한다

대부분의 회사에서 기술사 자격증 수당으로 많게는 30만 원 이상, 작게는 10만 원 이상 지급한다. 수당으로 30만 원을 지급할 경우(단순 계산이므로 세금 부분 제외) 1년이면 30만 원×12개월 = 360만 원, 10년간 회사를 다닌다고 가정할 경우 360만 원×10년 = 3,600만 원이다. 기술사 자격증이 2개일 경우 1개는 15만 원을 받는다. 15만 원×12개월 = 180만 원, 자격증을 동시에 소유할 수는 없으니까 9년을 다녔다고 가정하면 180만 원×9년 = 1,620만원이다. 기술사 자격증 2개를 가지고 회사를 10년 다닐 경우 5,220만 원이다. 기술사 자격증 개수가 늘어날수록 자격증으로 받는 부수입도 늘어난다. 그러나 기술사 자격증 4~5개 모두 수당을 주지 않는다. 회사마다 규정이 다르므로 기술사 자격증 수당은 회사규정을 확인하기 바란다.

② 민간경력직 공무원(5급)이 가능하다

정부는 매년 우수한 인력을 확보하기 위해 부서별로 민간경력자 중 우수한 인원을 선발하고 있다. 응시자격요건은 경력, 학위, 자격증 등의 요구경력을 갖추면 지원이 가능하다. 기술사 자격증이 있으면 자격증 요건으로 지원이 가능하고, 1차 PSAT 시험 통과자에 한해 면접을 실시한 후 채용한다. 5급 공무원 시험은 고시라고 할 정도로 힘든데 기술사 자격증으로 고시를 통과할 수 있는 것이다.

③ 현장에서 대표 직책을 맡을 수 있다

요즘 현장에서는 기술사 자격증이 없으면 현장대리인을 할 수 없다. 현장대리인과 현장소장은 약간의 차이가 있지만 법적으로 인정받는 것은 현장대리인이다. 회사 차원에서는 기술사 자격증이 없는 사람을 굳이 현장소장으로 쓸 이유가 없다. 감리단장도 기술사 자격증이 있어야 할 수 있다. 예전과 달리 감리 채용 시 기술사 자격증의 여부를 확인하는 회사가 많아졌다. 감리회사의 수준이 향상된 것이다. 그러므로 기술자들도 자신의 능력을 향상시키기 위해서 자격을 갖춰야 한다.

④ 회사 이직, 퇴직 후 구직 시 도움이 된다

회사를 이직하려고 하는 사람은 무조건 기술사 자격증이 있어야 한다. 어느 회사라도 기술사 자격증 가점이 있기 때문에 기술사 자격증을 가진 사람이 유리하다. 구인광고를 보면 기술사에 대한 언급이 많다. 기술사 우대, 기술사 가점, 기술사 필수 등의 조건이 많다. 기술사의 수는 앞에서도 언급했지만 2020년까지 건축시공기술사의 경우 9,613명이다. 많은 숫자는 아니지만 그렇다고 적은 숫자도 아니다. 이직자 중에는 항상 기술사가 포함되어 있다고 생각해야 한다.

⑤ 국제기술사 자격증을 취득할 수 있다

건축시공기술사를 취득하면 국제기술사 자격증을 취득할 수 있다. 국제기술사는 국가 간 기술사를 상호 인정하기 위해 만든 제도로서, APEC 엔지니어 또는 IPEA 국제기술사라고도 한다. APEC에 가입된 나라(호주, 일본, 태국, 필리핀 등)에서는 서로 기술사 자격을 인정해 주는 것이다. 국제기술사는 일정 시간 주어진 교육 이수 후 시험에 합격하면 자격증을 취득할 수 있다. APEC에 가입된 나라로 이민을 가거나 취업을 할 경우 국제기술사가 유용하게 사용될 수 있다.

⑥ 연관된 자격증 취득이 쉬어진다

만약 건설안전기술사 자격증을 갖고 있다면 산업안전지도사 건설안전 분야 시험 시 1차 시험 과목 중 두 과목(산업안전보건법령, 산업안전일반)과 2차 시험이 면제된다. 1차 시험에서 한 과목(기업진단지도)만 합격하면, 3차 면접을 본 후에 산업안전지도사 자격증을 취득할 수 있다. 직업훈련학교 교사 2급 자격증도 일정의 교육을 수료하고 시험에 합격하면 취득할 수 있다. 필자도 10회의 교육을 수료하고 천안에 있는 OO대학에서 수업시연 후 합격한 2급 직업훈련학교 교사이다. 요즘은 HRD시스템으로 운영되기 때문에 재능기부를 하려고 해도 자격증 없이는 할 수 없다. '꼬리에 꼬리를 무는 자격증'인 것이다.

⑦ SNS 활동 시 유리하다

요즘은 부업으로 유튜브를 하는 사람이 많다. 필자 주변에도 기술사 관련 유튜브 활동을 하는 지인들이 몇 명 있다. 그들은 모두 기술사 자격증을 소유하고, 그것으로 돈을 번다. 유튜브 활동이 부업이 아니라 본업이 된 지인도 있는데 일반 직장인 연봉 이상을 벌고 있다.

⑧ 정년퇴직 후 벌이를 할 수 있다

나이가 들면 누구나 정년퇴직을 한다. 정년이 지나면 다른 곳으로 취직하기는 하늘에 별 따기이다. 취직을 하더라도 연봉이 많이 낮아진다. 생활비는 줄어들지 않고 오히려 늘어나기 때문에 돈 쓸 곳은 많은 반면, 수입은 줄어들기 때문에 가장으로서 체면이 안 설 수도 있다. 이럴 때 기술사 자격증이 있으면 어느 정도 기본 소득은 보장받을 수 있다.

⑨ 창업이 가능하다

건설안전기술사 자격증의 경우 여러모로 이용할 수 있다. 사업자 등록을 하고 창업하면 소규모 현장의 기술지도가 가능하고 중대형 현장의 안전컨설팅이 가능하다. 프리랜서 강의 등의 업무도 할 수 있다. 안전점검보고서, 유해위험방지계획서, 안전관리계획서 등을 작성할 수 있고 정부나 지방자치단체, 관공서 등에서 이루어지는 각종 심사에 심사위원으로 참여할 수 있다.

#HOW

제 2 장

기술사 시험은 어떻게 준비하는가?

01

준비과정(마음가짐, 주변 환경 등)

　기술사 시험 준비과정은 자신과의 싸움이기 때문에 준비하는 동안 지속적으로 외로운 싸움을 해야 한다. 스스로에게 채찍질도 해야 하고, 쉬는 시간도 적당히 조절해야 한다. 마음을 굳게 먹고 준비해야 짧고 굵게 끝낼 수 있다. 이번 기회가 아니면 다시 할 수 없다는 생각으로 시작해야 한다. 기술사 시험을 준비하는 대부분의 사람들은 어떤 부분에서 절실함이 있다. 그 절실함을 극대화시켜 마음가짐을 굳게 하면 반드시 짧고 굵게 한 번에 기술사 자격증을 취득할 수 있다. 지금 다니고 있는 회사에서 구조조정을 당할 것 같은 불안감에 타사로 이직을 준비하는 것도 좋은 절실함이 될 것이고, 회사 동료에게 무시를 당해 그 동료를 이겨야겠다는 마음도 좋은 절실함이 될 것이다. 내일모레 퇴직하는데 아이들은 어리고, 돈은 계속 필요할 텐데 다른 곳으로 취직하기에 쉽지 않은 나이도 좋은 절실함이 될 수 있다. 절실함이 생겼으면 이제는 주변 환경을 바꿔야 한다.

건축시공기술사를 강의한 강사에게 들은 첫말이 '600시간의 법칙'이었다. 기술사 시험에 합격하려면 600시간을 투자해야 한다는 것이다. 아마 오래전부터 기술사 시험에 합격한 선배들의 평균 공부 시간이 600시간 정도인 것으로 판단된다. 600시간을 24시간으로 나누면 25일이다. 잠자는 시간, 먹는 시간 등 12시간을 제외하면 50일이다. 직장을 다니지 않는 사람은 12시간씩 50일 정도 공부하면 기술사 시험에 합격한다는 것이다. 그러나 대부분의 사람들은 직장을 다니며 준비하기 때문에 12시간씩 공부할 수 없다. 직장인은 평균적으로 오전 6시에 기상해서 저녁 7시 집에 도착하기까지 13시간을 출퇴근 길과 직장에서 보내고 저녁식사 1시간, 잠자는 시간 6시간을 제외하면 하루에 공부할 수 있는 시간은 4시간 정도이다. 토요일과 일요일 각각 13시간씩 공부하는 데 할애한다면, 일주일 동안 공부할 수 있는 시간은 4시간 × 5일 + 13시간 × 2일 = 46시간 이다. 600 ÷ 46 = 13주라는 시간이 필요하다. 3달이 넘는 기간, 100일 정도의 시간이 필요하다. 100일 동안 평일 20시간, 주말 26시간을 투자한다면, 누구라도 기술사가 될 수 있다. 그러나 이 글을 읽고 포기하는 사람이 있을 수 있다. '나는 그렇게 못해. 그냥 안 따고

말지.'하면서 포기하라고 이 책을 쓰는 것이 아니다. 들으면 대단한 것 같지만 지나고 보면 아무것도 아니다. 한순간에 지나지 않는다. 반면 기술사 자격증은 평생 유효하다. 정말 취득하길 잘했다는 생각이 계속 든다. 100일 동안 하루 4시간씩 투자해 보자. 처음 한 번하기가 어렵지 두 번째부터는 쉽다. 두 번째는 70% 정도인 420시간만 투자하면 된다. 세 번째는 50%만 투자하면 된다.

업무를 마치고 나머지 시간을 계획적으로 보내는 것이 중요하다. 필자가 퇴근 후에 보낸 시간을 예로 들면, 집에 도착해서 저녁 먹을 때까지 아이들과 평소보다 강도 높게 놀고, 저녁식사 후 10시까지 헬스장에서 운동을 하며 계획적으로 시간을 보냈다. 본인 스스로 시간이 얽매어 있어 뭘 해도 시간이 아깝다는 생각이 들기 때문에 시간을 보내는 강도가 세지는 것이다. 한 마디 대화할 거 두 마디 하게 되고 아이들과 몸으로 놀아 주고 식사시간에 말을 많이 하게 되니 아이들도 좋아한다.

사회적 관계는 어떻게 유지할 것인가? 사회적 관계를 유지하기 위해서는 술도 마셔야 하고, 회식에 참석해야 하고, 모임에도 나가야 한다. 필자는 모임의 성격, 술자리의 우선순위를 정해 참석하였다. 공부시간의 총량은 정해져 있기 때문에 술자리, 모임 등에 참석해서 빠진 공부시간은 채워야 한다. 그 부분을 잘 판단해서 모임, 술자리, 회식에 참석해야 한다. 필자의 경우 한 달에 2번 정도 참석했고, 나와의 친밀도를 첫 번째로 생각했다.

술은 가능한 한 마시지 않는 것이 좋다. 그 이유는 2가지이다.

① 머리가 나빠진다

술을 마시면 머리가 나빠지는 이유는 과학적으로 모두 알 것이다. 뇌세포의 문제이다. 술 마시고 머리가 괜찮은 사람은 없다. 뭔가는 반드시 잊어버린다.

② 공부 습관과 공부 패턴이 망가진다

지금까지 책상에 앉아 있는 연습을 많이 했는데 술을 마실 경우 원점으로 돌아간다. 앉아 있기 어려웠던 처음으로 돌아가는 것이다. 이것이 얼마나 지치게 하는지 경험해 보면 안다.

이 2가지 이유 때문에 술을 마시지 말라는 것이다. 그동안 열심히 공부 패턴을 만들었는데 술을 마셔서 그 패턴이 망가지면 또 힘든 며칠을 보내야 한다. 가족관계, 사회적 관계, 술 문제의 답이 나왔다. 가족관계는 강도를 높여야 하고, 사회적 관계는 우선순위를 정해서 접근하고, 술은 평소보다 적게 마시고 술 마신 날도 공부 패턴은 유지해야 한다.

02

/

'학원을 다녀야 하는가?'의 문제

기술사 시험공부를 처음 시작하는 사람들이 제일 많이 하는 고민은 학원문제인 듯하다. 기술사 시험공부방법에는 학원을 다니는 방법, 스터디 모임을 만드는 방법, 독학으로 동영상을 시청하는 방법, 개인과외를 받는 방법 등 여러 가지가 있다. 어떤 방법을 선택할지는 본인이 각 방법의 장단점을 검토해 보고, 자신과 맞는 방법을 직접 선택하는 것이다.

(1) 학원의 장단점

학원을 다닐 경우 장점은

① 체계적인 지식 습득이 가능하다. 우리가 머리로만 알고 있는 지식을 체계적으로 습득할 수 있다.

② 합격에 관한 팁을 얻을 수 있다. 각 학원마다 합격의 비결이 있기 때문에 합격 가능성이 높아진다.

③ 경쟁을 통한 발전이 가능하다. 다른 사람과의 비교에 의해 성장할 수 있다. '저 사람은 내가 보기에 글씨도 잘 쓰고 경력도 많고 아는 것도 많은데 그런 사람과 경쟁해서 이길 수 있을까?'라는 생각이 모여 자신을 한층 더 발전시킬 수 있다.

④ 동질감을 느낄 수 있다. 같이 고생하는 사람들이 주변에 있으면 위안이 된다.

반면에 단점은

① 비용이 발생한다. 학원 비용을 지불하려면 목돈이 필요하다.

② 시간이 필요하다. 학원 수업을 받으려면 시간을 별도로 마련해야 한다. 퇴근 후, 주말 등을 이용해 학원에 가야 하기 때문에 별도로 시간을 내야 한다.

③ 집중에 방해를 받을 수 있다. 사람이 많다 보니 좋은 자리에 앉을 수 없고, 주변 소음으로 인해 수업을 방해받을 수 있다.

(2) 스터디 모임의 장단점

스터디 모임의 장점은

① 모임을 통한 자료 분석이 가능하다. 방대한 자료를 서로 나누어 분석하고 합쳐서 공유할 수 있다.

② 서로 위안을 줄 수 있다. 기술사 시험공부는 외로운 싸움이기 때문에 힘들다. 그럴 때 따뜻한 위로의 말이 서로에게 큰 힘이 된다.

반면에 단점은

① 멤버들끼리 경쟁이 과열되면 모임이 해체될 수 있다.

② 장소와 비용이 필요하다. 장소에 대한 비용을 지불해야 하고 자칫하다가는 시간을 낭비할 수도 있다.

③ 실력 차이가 날 경우 자료 분석 등에서 수준 차이가 발생할 수 있다.

(3) 독학의 장단점

독학의 장점은

① 스스로 계획을 세워 계획대로 공부를 진행할 수 있다.

② 장소와 시간의 제약을 받지 않는다. 집에서, 독서실에서, 회사 등 어느 장소, 어느 시간에서도 공부할 수 있다.

③ 자신만의 공부법을 만들어 효과를 볼 수 있다. 스스로 어떻게 공부하면 집중이 잘되는지 알기 때문에 그 방법만 찾는다면 합격 가능성이 높다.

반면에 단점은
① 스스로 통제가 안 되는 경우가 있다. 피곤할 때, 놀고 싶을 때 통제가 안 되면 공부 패턴이 깨질 수 있다.
② 내가 지금 잘하고 있는지에 대해 판단 근거가 부족하다. 내가 공부하는 방향이 맞는지, 틀린지 또는 효율적인지 알고 싶어도 비교 대상이 없기 때문에 판단하기 힘들다.
③ 혼자만의 싸움으로 힘들 때 위로받을 수 없다.

(4) 과외의 장단점

과외는 기술사 자격증을 기취득한 사람이나 학원강사 등에게 1:1로 지도받는 것이다.

과외의 장점은
① 자신이 모르는 부분을 빠르게 습득할 수 있다.
② 일정을 관리해 주기 때문에 계획적이고 체계적인 공부가 가능하다.
③ 답안지 첨삭, 모의고사 채점 등을 객관적으로 진행하여 자신의 등급을 알고 시험 준비를 할 수 있다.

반면에 단점은

① 비용이 발생한다. 학원 비용보다 많은 비용이 발생한다.

② 시간과 장소를 별도로 만들어야 한다.

③ 강사가 자신의 공부법을 강요할 경우 안 맞을 수가 있고,
적응하는 데 시간이 걸린다.

이상 4가지 방법의 장단점에 대해 생각해 보고 어떤 방법이 자신과 맞는지 선택하면 된다. 필자의 경우 한 가지 방법보다는 필요한 방법을 모두 활용하였다. 공부 도중 스터디 모임을 만들어 자료 분석에 걸리는 시간을 단축하였고, 현장으로 학원강사를 모셔서 기술사를 준비하는 직원 10여 명과 수업을 받았다. 공부방법에 대해 정답을 묻는다면 필자는 선배의 도움을 받는 것이 좋다고 답하고 싶다. 학원이든 과외든 처음 한 번은 무조건 다녀야 한다. 기술사 준비과정의 전체 흐름을 파악할 수 있고 공부 패턴이 만들어지며, 타인과의 비교로 자신만의 차별화된 답안지를 만들 수 있기 때문이다.

03

집에서 vs 독서실에서

공부 장소는 어디가 좋은가에 대한 질문을 많이 받는다. 필자가 공부해 보니 장소가 매우 중요하다. 학원 문제와 마찬가지로 장소를 정하기 전에 장단점을 비교해 보는 것이 좋다.

(1) 집에서 공부할 때의 장점

① 오고 가는 시간을 절약할 수 있다. 독서실이 멀리 떨어진 경우, 오고 가는 시간이 30분 정도 소요된다. 이런 시간을 줄여 공부에 활용할 수 있다.

② 독서실은 보통 월 15만 원 정도의 비용이 발생하는데 집에서 공부할 경우 이 비용을 절약할 수 있다.

③ 시간의 제약이 없다. 독서실은 보통 새벽 2시까지 문을 열기 때문에 공부가 잘되는 날도 끝내고 집에 와야 하지만, 집에서는 새벽 3~4시까지 원하는 대로 공부할 수 있다.

(2) 집에서 공부할 때의 단점

① 조금 쉬었다 하자는 생각이 자주 든다. 편하다 보니 잠깐 누웠다가 해야지 하고는 그대로 잠들어 버리는 경우도 발생한다.

② 아이들이 기웃거려 집중에 방해된다.

③ 별도의 공간이 필요하다. 공부를 위해서 별도의 공간을 만들어야 하는 경우가 발생한다.

(3) 독서실에서 공부할 때의 장점

① 집중이 잘된다. 독서실 책상은 사방이 막혀 있어서 보이는 것이 없기 때문에 공부에만 집중할 수 있다.

② 같은 목적을 가진 사람들과 공동체 의식을 가질 수 있다. 독서실 다니는 사람들의 목적은 공부이다. 그러므로 오가며 보는 것만으로도 서로 위안이 된다.

(4) 독서실에서 공부할 때의 단점

① 비용이 발생된다. 100일 정도 공부하려면 50만 원 정도의 비용이 든다. 여유 있는 사람들은 관계없지만 그렇지 않은 사람에게는 부담되는 금액이다.

② 집에 가서 바로 잠을 들 수 없기 때문에 불필요한 시간이 발생한다.

이러한 장단점을 비교한 후 자신에게 맞는 방법으로 결정하면 된다. 필자의 경우 무조건 독서실을 선호한다. 독서실에서 공부하다 보면 나만의 공간에서 집중을 할 수 있다. 기술사 시험을 한 번에 합격한 비결이기도 하다.

04

체력관리

100일 정도를 하루 4시간 정도만 자고 나머지 시간은 일과 공부를 병행해야 한다. 주말에도 쉬지 못하고 공부해야 하는데 공부할 때 체력 소모가 매우 크다. 그러므로 기술사 시험 준비과정에 체력보강이 필요하다. 몸이 건강해야 시험을 위해 계획한 것을 소화할 수 있으므로 건강이 제일 우선이다. 건강하지 못하면 공부하고 싶어도 할 수 없다. 틈틈이 시간을 내어 근육운동, 유산소운동 등을 병행해야 한다. 공부할 시간도 빠듯한데 운동까지 규칙적으로 하려면 정말 힘들다. 잠도 못자고 공부하는데 운동까지 해야 하기 때문이다. 그러나 5주 정도 지나면 왜 체력관리를 해야 하는지 알게 된다.

체력관리야 말로 기술사 시험을 준비하는 과정에서 제일 중요한 부분이다. 필자는 체력 보강을 위해 헬스장을 다녔다. 저녁 식사 후 1시간 운동하고, 독서실로 가서 공부하였다. 처음에는 자는 시간이 적고 회사 업무로 인해 녹초가 되어 힘들었으나, 이 습관이 몸에 배니 2주 후부터는 헬스장을 안 가면 오히려 몸이 찝찝하고 집중이 안 되었다. 헬스장을 다니지 않더라도 식사 후 동네 산책이나 줄넘기 등 30분 이상의 규칙적인 운동은 반드시 필요하다.

#ONE-STEP

제 3 장

1단계(초기) : 기술사 시험 준비작업

01

계획표 작성하기

본격적으로 공부하기에 앞서 계획표부터 작성해야 한다. 계획표는 답안지 양식에 작성한다. 처음부터 답안지 양식을 쓰는 것이 중요하다. 앞으로 모든 것은 반드시 답안지 양식에 해야 한다. 그래야 조금이라도 답안 작성 시 도움이 될 수 있기 때문이다.

계획표를 작성하는 방법은
① 일일 계획을 세워야 하며
② 600시간을 채울 수 있어야 하며
③ 모의고사 4회가 포함되도록 작성해야 한다.

예를 들면, 100일간 준비한다고 할 때 하루 평균 6시간을 공부해야 한다. 그러나 직장인들은 6시간 동안 계속 공부할 수 없으므로, 주말을 이용한다. 주말에는 공부를 더하도록 시간을 배분하여 계획표를 작성한다.

앞에서도 이야기했듯이 주말에 13시간 이상 배분해야 회사생활에 지장이 없다. 보통 100일이면 주말이 14주 정도 된다. 14주면 주말만 28일이며, 13시간 공부한다면 364시간이다. 나머지 236시간을 72일간 배분하면 하루 평균 3.3시간이다. 만약 저녁 모임이나 출장 등으로 공부를 못하는 경우, 다음 1~2일에 나누어 보충하거나 주말에 나누어 시간을 보충하면 부담 없이 600시간을 채울 수 있다. 계획표를 작성하고 실천하기만 하면 기술사 자격증을 한 번에 취득하는 것은 문제없다. 계획표 작성은 책상에 앉아서 차분하게 누구의 방해도 받지 않고 작성해야 진정한 계획표를 작성할 수 있다.

정말 자신이 할 수 있는 시간을 계획하자. 계획표를 위한 계획표가 아닌 실질적으로 자신이 할 수 있는 계획표를 짜야 한다. 따라서 사방이 막힌 혼자만의 공간에서 생각하면서 계획표를 작성해야 한다.

02

/

기출문제 분석하기

기술사 시험 준비에서 가장 중요한 단계라고 하면 단연코 기출문제를 분석하는 단계라고 할 수 있다. 이 단계를 잘 준비하면 기술사 합격률은 10% 이상 올라간다.

건축시공기술사의 경우 기출문제를 분석하려면 10년간 30회의 문제를 준비한다. 30회면 용어문제 390개, 서술형 문제 540개로 총 930개의 문제를 분석하는 것이다. 분석만 하기 때문에 시간이 오래 걸리지 않는다. 분석하는 방법은 먼저 기출문제를 모두 프린트한다. 그리고 하루에 200문제씩 문제별 공종, 난이도 등을 확인한다. 공종은 자신이 편한 방법으로 분리하면 되는데 대공종, 중공종,

소공종으로 나누어 분리하면 나중에 문제 찾기가 용이하다.

다음은 필자가 작성했던 기출문제 분석지이다.

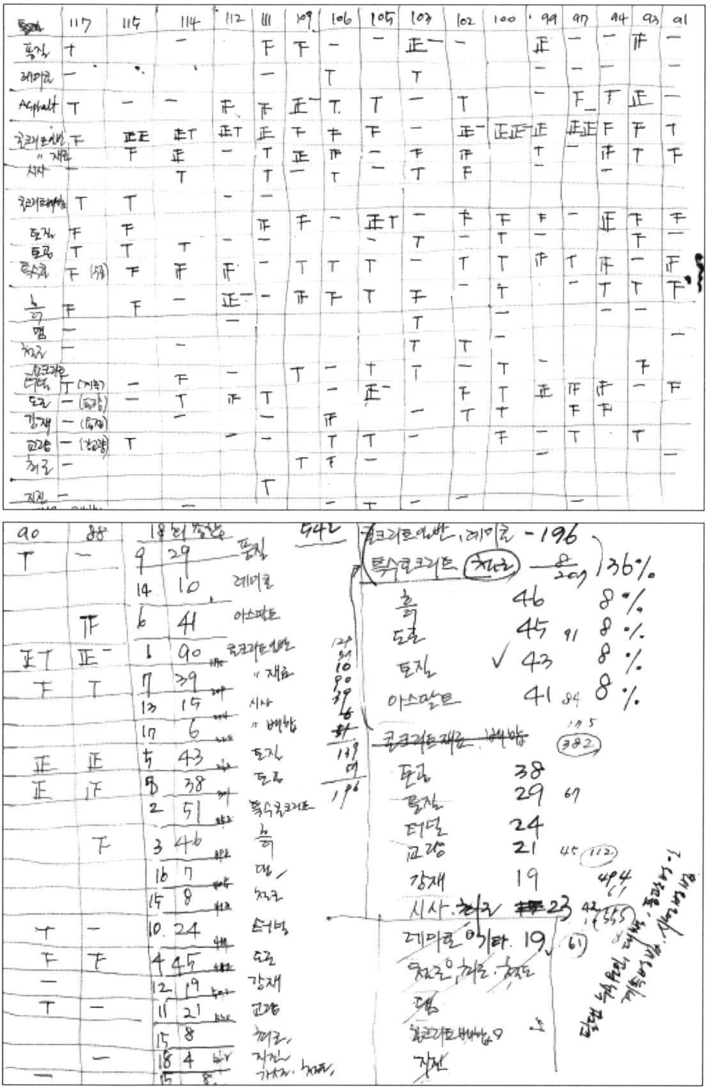

기출문제를 분석하는 이유는

첫째, 어떤 공종이 많이 출제되었는가를 파악하고 그 공종에 집중하기 위해서이다.

필자가 분석한 결과, 건축품질시험기술사를 예로 들면 콘크리트 공종에서 가장 많은 문제가 출제되었고 그 다음이 토공사 공종이었다. 콘크리트 중에서도 시험 부분이 가장 많이 출제되었고, 토공사 분야에서도 시험 부분이 가장 많이 출제되었다. 그러므로 건축품질시험기술사를 공부하는 데 있어서 가장 집중해야 하는 분야는 콘크리트, 토공사의 시험 부분이다. 이런 방법으로 문제를 분석하다 보면 자신이 어떤 공종에 집중해야 하는지 파악할 수 있다.

둘째, 공종별 세부 분야를 파악하고 세부 공종을 하나로 만들기 위해서이다.

콘크리트 하부공종을 예로 들면, 하부공종은 콘크리트 내구성, 시험, 재료, 구조 등으로 나눌 수 있다. 각각의 문제를 세부 공종별로 파악하면 어떤 부분에서 많이 출제되는지 파악할 수 있다. 콘크리트의 경우 시험 부분이 가장 출제가 많았고, 토공사의 경우도 시험 부분이 많이 출제되었다. 이런 식으로 콘크리트의 시험과 토공사의 시험, 각종 마감 부분의 시험 부분을 하나로 합쳐서 문제를 분류할 수 있다. 이렇게 분류하는 이유는 시험에 대한 문제가 나왔을 경우 아이템을 공통으로 가져다 쓰기 위해서이다.

셋째, 출제경향을 파악하기 위해서이다.

시험문제에도 유행이 있다. 그 시대에 맞는 문제가 출제된다. 예를 들어 밀폐 공간에 의한 화재가 발생하였다면, 시험문제에 밀폐공간이나 화재에 대한 내용이 반영되어 출제된다. 연도별 기출문제를 분석하면 큰 사건사고, 법규·법령의 변경사항, 신기술 등이 어떻게 문제에 녹아들었는지 파악할 수 있다. 따라서 올해에는 어떤 사건사고가 있었고, 어떤 법규 개정이 있었는지, 어떤 획기적인 신기술이 있었는지 파악하면 스스로 출제문제를 유추할 수 있다. 필자의 경우 3~4문제까지 정확히 예상한 적 있다.

기출문제를 분석하는 이유는 향후 출제될 문제를 유추하기 위함인데 유추방법은 공종별로 많이 출제된 분야, 획기적인 신기술, 변경된 법규·법령 등을 파악하는 것이다. 즉, 문제분석은 대공종–중공종–소공종으로 나누어 분류하고 신기술, 법규 개정 내용 등이 어떻게 문제에 출제되었는지를 파악하여야 한다.

03

/

교재 선정

교재를 선정하는 방법에는 3가지가 있다.

첫 번째, 서점에 가서 해당 분야의 책 중 내 맘에 드는 책을 고른다.

그러나 조건이 있다. 책을 꼭 한 권만 사야 한다는 것이다. 용어 설명책 한 권을 사거나 기출문제풀이집 한 권을 사거나… 마음은 다 사고 싶겠지만, 한 번에 다 사면 심적으로 부담이 돼서 오히려 안 보게 되므로 일단 한 권만 사서 봐야 한다. 한 권으로 공부해 보고 어느 정도 익숙해지면 어떤 부분이 부족한지, 어떤 부분을 보강해야 하는지 알 수 있다. 그 후에 두 번째 교재를 결정해도 늦지 않는다. 마음이 급해서 이 책 저 책 모두 필요하다고 판단하여 책을 한 번에 3~4권 사는 사람이 있는데, 대부분 헌책방에 중고로 파는 경우를 많이 봤다. 참고로 책은 새 책을 정가로 사는 것을 추천한다. 책을 싸게 사면 그만큼 안 보게 되는 것 같다. 책은 정가를 주고 사는 것이 중요하다.

두 번째, 인터넷을 많이 활용한다.

인터넷 중요 사이트를 수시로 방문하여 정보를 얻고 추천하는 책을 서점에서 확인한다. 요즘은 인터넷 카페나 블로그가 잘되어 있는 곳이 많아 유용한 정보를 얻을 수 있다.

세 번째, 학원교재를 활용한다.

대부분의 학원은 자체 교재가 있다. 학원 자체 교재를 사는 것도 좋은 방법이다. 필자는 어떤 교재로 공부했는지에 대한 질문을 많이 받는다. 결론부터 이야기하면 좋은 교재는 자신에게 잘 맞는 교재이다. 시중에는 많은 기술사 수험서적이 있다. 건축시공기술사를 예로 들면 10권 이상의 교재가 있고 공종별로 나뉘어 있다. 용어 설명, 서술형 기출문제 풀이, 건축시공학, 예상문제 등 모두 능력 있는 저자들이 집필했기 때문에 교재의 수준은 비슷하다. 다만 표현 방법이 자신과 맞는 저자가 있다. 교재를 읽어 보고 읽기 편한 것이 가장 좋은 교재이다.

04

자료 수집 및 정리

초기 준비단계의 마지막은 자료를 수집하는 단계이다. 자료는 무궁무진하다. 어떤 자료를 어떻게 수집하고, 어떻게 정리하느냐에 따라 당락이 좌우된다. 자료는 주로 인터넷으로 수집하며 각종 협회나 정부기관 홈페이지에서 수집한다. 건축시공기술사를 예로 들면, 방문해야 하는 사이트가 국토교통부, 대한건축학회, 기술사회, 산업안전보건공단 등 관공서 사이트와 자신이 다니고 있는 학원 등이 있다. 이 사이트를 방문하여 자료실 및 공지사항 등을 통해 자료를 수집하고, 분석하여 자신만의 자료로 만들어야 한다. 계속 언급하지만 신기술, 사건사고, 법규 개정사항 등에 대해 리스트를 만들어

시험문제화한 후 자신만의 자료로 만들어야 한다. 예를 들면, 한동안 스스로 균열을 찾아 처리하는 기술이 개발되어 현장에 적용된 적이 있는데, 그해에 자기치유 콘크리트가 용어문제 1번으로 출제되었다. 그해에 화재사고가 나면 화재 관련 문제가 반드시 출제된다. 이와 같이 신기술, 사건사고, 법규 개정사항 등에 대한 자료를 수집하고 분석하면 예상문제를 유추할 수 있다.

05

타인의 자료를 수집해야 하는가?

1~4단계의 자료 수집과정 중 다른 사람이 작성한 자료를 어떻게 처리해야 하는가의 문제에 직면한다. 블로그 또는 인터넷 카페를 통해 개인이 만든 자료를 쉽게 다운로드할 수 있다. 이러한 자료를 수집해서 정리해야 하는가의 질문에 대한 답은 '절대 수집하거나 정리하지 말라.'이다. 자기 스스로 만들어야 머리와 손, 눈에 남는다. 다른 사람이 만든 자료는 눈에는 남지만 손에는 남지 않는다. 막상 쓰려고 하면 아무것도 생각나지 않는다. 기술사 시험을 준비하는 사람 중에 가장 먼저 다른 사람들의 자료를 수집만 하고 그 자료를 분석하지 않고 정리하는 경우가 있다. 그리고 읽고 외우기 시작한

다. 그러나 외우더라도 막상 쓰려고 하면 생각이 안 난다. 시험장에서는 긴장의 깊이가 더하기 때문에 더 생각이 안 난다. 불합격하는 사람을 보면 다른 사람의 자료가 어마어마하게 많다. 자료가 많고 공부도 많이 했는데 답안지에 쓰지 못하기 때문에 불합격하는 것이다. 스스로 남을 준다고 생각하면서 자신만의 자료를 만들자.

#TWO-STEP

제 **4** 장

2단계(기본) : 기술사 시험공부

01

용어문제 200개 작성하기

용어문제 200개를 작성하는 방법은 아주 쉽다. 1단계에서 기출 문제 분석 시 용어문제 390개를 분석하였다. 그중 많이 출제되었던 용어부터 200개를 추리면 된다. 용어문제는 답을 먼저 작성하고 뒤에 보충 설명하는 구조이다. 용어문제는 기술사 시험문제 중에 유일하게 객관적인 답이 있기 때문에 답을 정확히 작성하면 고득점이 가능하다.

용어문제는 정의가 정확해야 높은 점수를 받을 수 있다. 예를 들면, 자기치유 콘크리트에 대한 문제가 자주 출제되는데 그 문제에 대해 정의를 정확히 작성해야 한다. 자기치유 콘크리트란 '박테리

아, 곰팡이 등의 균열치료제를 캡슐에 담아 콘크리트 타설 시 혼합함으로써 균열 발생 시 캡슐이 깨지면서 균열치료제 물질이 균열 부위를 막아 외부로부터의 침입을 차단하는 콘크리트'라고 정확한 답을 작성해야 한다. 그리고 2번으로 자기치유 콘크리트에 대한 그림이나 도표를 삽입한다.

다음은 필자가 만들었던 용어문제 200개의 작성 시트이다. 이와 같이 작성하여 200장을 작성하면 용어 정의 200문제는 완료한 것이다. 주의할 점은 '정의는 정확하게, 보충 설명은 말보다 그림으로' 작성해야 한다.

24) Pumping

답)

I. 정의

1) 콘크리트 포장 줄눈, 균열을 통해 물과 함께 포장 slab 아래의 흙을 slab 외로 뿜어 올리는 현상

2) 가까운 길 어깨부에 구멍이 뚫림.

II. Pumping 도해

Concrete 포장

뿜어져나옴 (물+흙)

Dowel Bar

흙+물

문제25) Blow-up

답)

I. 정의

1) 기온 상승으로 slab가 팽창하여 가로줄눈 맞댄 Concrete slab가 위로 솟아오르는 현상

2) 일반적으로 양측 slab가 솟아오름

II. Blow-up 도해

솟아오름

Concrete 포장

Dowel Bar   가로줄눈   포장

용어문제 작성 시 먼저 앞에서 분석한 기출문제 중 많이 출제된 순서대로 위에서부터 170개가량을 선정한다. 두 번 출제된 것까지 하면 기출문제의 2/3 정도를 작성하게 된다. 빈 답안지 양식을 이용하여 170개 용어의 정의와 그림 또는 도표 설명을 작성한다. 정의는 정확하게 작성하고, 도표나 그림 설명은 자신만의 방식으로 현장의 느낌이 나도록 작성하면 좋다. 다른 사항은 필요하지 않다. 이렇게 170개가량의 문제를 작성하면, 다음으로 그동안 수집한 신기술, 사건사고, 법규 개정사항 등의 자료에서 나머지 30개의 문제를 발굴하여 작성한다. 회차별로 보면 항상 최신경향의 문제가 출제된다. 그것에 대비하기 위해 최신경향의 자료를 수집·분석하여 문제화하는 것이다. 이것이 바로 자신만의 문제가 되는 것이다. 출제된 적 없는 문제이기 때문에 언제든지 자신만의 작성방법(차별화)으로 정답을 표현할 수 있다. 운 좋게 예상문제가 출제되었다면 고득점을 노릴 수 있다.

02

/

아이템 200개 작성하기

아이템은 서술형 문제에 사용할 수 있는 설명을 그림 또는 도표로 나타낸 것이다. 정의를 별도로 작성할 필요가 없다. 예를 들면 콘크리트의 슬럼프 테스트는 아이템도 될 수 있고 용어도 될 수 있다. 용어 설명으로 할 경우에는 정의와 그림 설명이 필요하고, 아이템으로 할 경우에는 그림 설명만 필요하다. 사용처는 서술형 문제의 소분류 하위 아이템으로 활용할 수 있다. 이 점이 아이템과 용어의 차이점이다.

예를 들어 '콘크리트 내구성 향상 방안에 대하여 설명하시오.'라는 문제가 출제되었다면, 향상 방안의 한 가지 답으로 사용이 가능하다. '슬럼프를 설계 구성에 맞게 사용하고 검사를 철저히 한다.' 라는 답으로 활용이 가능한 것이다. 이때 이것을 정의로 설명하느냐, 그림으로 설명하느냐 중 어떤 방법이 채점위원 입장에서 점수를 많이 줄지 생각해야 한다. 당연히 보기 좋게 그린 그림으로 작성하면 점수를 많이 받을 것이다.

이런 아이템을 200개 정도 작성해 놓으면 선반 위에 있는 물건을 빼서 사용하듯이 평소에 위치를 기억하였다가 필요시 빼서 사용하면 된다.

다음은 필자가 작성한 아이템 리스트이다. 용어와 그림으로만 나타내서 어느 공종에서도 찾아 쓸 수 있도록 만드는 것이 아이템 작성이다. 아이템을 잘 만들면 차별화된 답안지 작성이 가능하다. 합격률이 10% 정도 올라간다.

14) Nut 회전법

1차조임 → 금매김

→ 2차조임

120°±30°

15) Torque Control 법

$$T = k \cdot d \cdot N$$

k: 토크계수 d: 볼트지름 N: 축력

① 기준값 ± 10% 합격

16) 볼트조임 1차 토크값

구분	Torque 값	비고
M16	1,000 kgf/cm²	
M20,22	1,500 kgf/cm²	
M24	2,000 kgf/cm²	

17) Gouging 실시

18) 용접사 기량

19) 비파괴검사 ① 방사선투과 ② 초음파탐상 ③ 자기분말탐상
　　　　　　　 ④ 침투탐상

03

기출문제 150개 작성하기

1단계로 용어 200개, 2단계로 아이템 200개, 마지막으로 기출문제 150개를 작성해야 한다. 출제 빈도가 높은 순으로 선택하여 정답을 작성한다. 기출문제 분석 시 출제가 많이 된 순서대로 130개 정도를 선택하여 답안을 작성한다. 20개는 용어 정리와 마찬가지로 최신경향을 반영하여 문제를 직접 만들어 정답까지 작성하여 사용한다. 만약 비슷한 유형의 문제가 나올 경우 그대로 작성할 수 있을 정도로 답을 완벽하게 준비한다. 예를 들면, '자기치유 콘크리트 내구성 향상 방안에 대하여 설명하시오.'라는 문제를 만들고, 그것에 대한 향상 방안을 작성하여 유사 문제 출제 시 사용하면 된다. 기본

단계에서 만든 것을 서브노트라고 한다. 서브노트를 얼마나 성심성의껏 작성하느냐에 따라 당락이 좌우된다.

　다음은 필자가 작성한 기출문제 150개 중 일부이다.

　기출문제는 2~4교시 문제만 작성한다. 주로 서술형, 논술형의 문제이다. 작성방법은 서론, 본론, 결론으로 나누어 서론은 간단하게 작성하고, 본론은 문제에 대해 내가 알고 있는 모든 지식을 총동원해서 그림, 도표 등을 이용하여 작성한다. 결론은 본론의 내용 중 문제의 정답에 해당하는 부분을 간단히 요약한다. 기출문제는 서론과 결론은 빼고 본론만 작성해도 상관없다. 중요한 것은 본론을 그림이나 도표로 표현하는 기술이다.

문제19) P.R.I (평탄성 지수)

답)

I. 정의

1) 포장에서 탄성면의 평탄성을 측정하는 방법으로
   Profile meter 에 의해 요철 측정하며 평탄성 계산

→ 총 측정거리에 대한 규정치를 벗어난 수직 측정
   치의 비를 PrI (평탄성 지수) 라 한다

II. PrI 산정식

$$PrI = \frac{\Sigma\,(h_1 + h_2 + \cdots h_n)}{\text{총 측정거리}} \;(cm/km)$$

III. 평탄성 기준

구분		PrI 기준
세로 방향	콘크리트 포장	16 Cm/km 이하
	아스팔트 포장	10 cm/km 이하
	곡선 반지름 600m 이하. 종단구배 5%이상 24cm/km	
가로방향	요철 5mm 이하	

IV. 평탄성 검사 방법

1) PrI로 규정

04

동영상 시청하기

요즘 공부방법의 추세는 동영상 시청과 개인 공부를 병행하는 것이다. 동영상 시청이 필수가 되었다. 유튜브를 통해서 많은 동영상을 시청할 수 있고, 회원 가입 후 돈을 내야만 볼 수 있는 동영상도 있고, 동영상을 무료로 시청할 수 있도록 동영상 제공 사이트와 연계하는 회사도 많다.

동영상을 여러 번 보는 것이 좋은가? 아니면 한 번 보는 것이 좋은가? 필자의 경우 여러 번 보는 것이 도움이 되었다. 모르는 내용을 알고 나서 다음 단계로 넘어가는 것보다는 모르는 부분은 그냥 넘기면서 보는 것이 낫다고 할 수 있다. 동영상은 시청 횟수가 중요하기 때문에 동영상을 시청한 횟수로 성취감도 느낄 수 있다. 성취감을 얼마나 느꼈느냐에 따라 자신감도 상승한다. 평균 3번 정도는 보아야 전체적인 내용이 파악된다. 일반적으로 강의는 100강 이상이기 때문에 3번이면 300강이다. 평균 40분 정도이므로 300강 × 40분 = 12,000분이다. 200시간이 걸린다. 2배속으로 시청해도 100시간이 소요된다. 총공부시간의 6분의 1을 차지하는 것이다. 그래서 많은 사람들이 대중교통을 이용하며 동영상 시청을 많이 한다. 자투리 시간에 드라마나 영화 보듯이 동영상을 시청하면서 아는 대로 모르는 대로 자주 듣는 것이 좋은 방법이라고 생각한다. 반복해서 듣고, 보다 보면 그것이 뇌리에 남아 기억이 난다. 광고나 노래를 자주 들으면 뇌리에 남아 어느 순간에 자신도 모르게 따라 부르고 있는 것처럼, 동영상을 반복해서 시청하여 그런 효과를 노리는 것이다.

05

/

속독 vs 정독

'교재를 속독하는 것이 좋은가? 교재를 정독하는 것이 좋은가?'
에 대한 문제가 있다. 결론부터 말하면 필자의 경우 속독의 방법이
도움이 되었다. 교재 한 권을 여러 번 읽음으로써 성취감을 여러
번 느끼는 것이 전체 내용을 파악하는 데 많은 도움이 되었다. 어떻
게 속독을 할까? 속독은 말 그대로 빠른 속도로 읽는 것이다. 처음
속독을 할 때는 시간이 많이 걸리지만 두 번째, 세 번째 속독할수록
시간이 절약되고 자투리 시간을 이용하여 속독할 수 있다. 지하철이
나 버스 안, 점심시간 등에서 남는 시간을 활용할 수 있다. 그 시간
도 600시간 안에 포함되기 때문에 자투리 시간을 많이 사용할수록

자는 시간이나 독서실 공부시간을 줄일 수 있다. 필자의 경우 동영상 시청과 마찬가지로 교재를 3회 정도 속독하였다.

지금까지 기본단계의 공부 양을 파악하면 거의 400시간 정도 된다. 기출문제 분석 및 자료 수집 분석시간 100시간, 서브노트 작성시간 100시간, 동영상 시청시간 100시간, 교재 속독시간 100시간, 총 400시간이다. 나머지 200시간은 다음 단계인 본격 진행단계, 심화응용단계에서 채울 수 있다.

#THREE-STEP

제 **5** 장

3단계 :
본격 진행

01

/

100분 쓰기

지금부터 진행하는 100분 쓰기 단계는 이 책에서 가장 중요한 부분이다. 100분 쓰기를 얼마나 잘하느냐에 따라 당락이 좌우된다. 100분 쓰기는 무조건 해야 하고, 항상 해야 한다. 그러나 처음부터 100분을 쓰려면 쓸 것도 없고, 쓸 수도 없다. 어느 정도 서브노트가 진행되었을 때부터 가능하므로 그 전에는 10분 쓰기부터 진행한다. 왜 10분 쓰기인지는 알 것이다. 바로 용어 한 문제이다. 10분 쓰기를 진행하기 위해서는 답안지 양식이 필요하다. 답안지에 직접 10분 쓰기를 해 본다. 용어문제 200개 중에서 출제 빈도가 가장 높은 문제부터 10분 쓰기를 시작한다. 처음에는 생각나는 것도 없고, 쓸 내용도 없어 막막하겠지만 무조건 써 본다. 그렇게 어느 정도 10분 쓰기가 진행되면 25분 쓰기를 진행한다. 25분인 이유는 서술형 한 문제이다. 25분 쓰기를 어느 정도 하다 보면 100분 쓰기가 가능해진다. 100분 쓰기는 서술형 4문제 또는 용어 설명 10문제이다. 이 100분 쓰기가 기술사 준비의 핵심단계이다. 다른 건 안 하고 100분 쓰기로 600시간을 채워도 된다. 그러면 무조건 합격이다. 100분 쓰기는 100시간 정도 하는 것이 좋다. 100분은 1.4시간이다. 100일 동안 계속 100분을 써야 140시간이다. 만만한 시간이 아니다. 평일에 100분 쓰기는 주 5회, 주말에 2회 정도 하면 시간이 맞다. 주말 20일 × 2회 × 1.4시간 = 56시간, 평일 50일 × 1.4시간 × 1회 = 70시간, 총 126시간이 소요된다. 10분 쓰기, 25분 쓰기까지 하면 0.1시간 × 50일은 5시간, 25분 쓰기는 0.25시간 × 50일은 12.5시간, 총 18시간 정도 소요된다. 쓰기 시간을 모두 합치면 126시간 + 18시간 = 144시간이다. 100분 쓰기 할 때는 반드시 시간을 재면서 작성해야 한다. 알람 등을 활용하면 더욱 좋다.

02

답안지 첨삭

답안지 첨삭은 본인이 해도 되고 다른 지인이 해도 된다. 지인이 첨삭하는 것이 더 효과적이지만 불편하다면 스스로 인터넷이나 교재 등을 찾아가면서 첨삭해도 된다. 이때는 반드시 빨간색 펜으로 하고 내용은 암기한다. 답안지 첨삭과정에서 가장 중요한 것은 암기한 첨삭 답안지를 다시 작성하는 것이다. 첨삭 후 외우기만 하면 다음에도 똑같은 부분을 첨삭하게 된다. 반드시 암기 후 답안지를 재작성하기 바란다. 다음은 필자가 100분 쓰기 한 후 답안지를 첨삭한 것이다.

문제 5) 진공 Concrete

답)

I. 정의

진공 Mat, 진공펌프

1) 진공 Concrete간 타설한 후 골재결재 유압펌프, 진공 Mat 등을 이용하여 Concrete 내부의 잉여수를 제거하여 내구성을 향상시킨 Concrete   및 기포

2) 초기양생 전 실시하여야 효과가 있음

II. Vacuum Concrete 의 원리

진공 Mat Suuntion Hose 증기수 진공계
Filter
잉여수이동 기포
유압펌프
기초. Slab

III. Vacuum Concrete 시공시 유의사항

1) 표면 고르게 마감   타설 직후, 경화 직전

① 표면을 고르게 의축손 마감후 실시

2) 다짐철저   Slump 15cm 이하, 공기량 3~4%

Vibrator 50cm 5~15초후 이동
2차타설
1차타설
100cm
Cold Joint 발생유의

03

/

한 글자 요약표 만들기

요즘 말 줄이기가 유행이다. 내돈내산, 할많하않, 퇴준생, 월루, 세젤예 등 SNS로 인해 빠른 반응이 중요하기 때문에 말 줄임 단어를 많이 쓴다. 필자는 이 방식을 예전부터 이용했었다. 외우기 쉽고 들고 다니기 쉽도록 단어를 줄여 요약한 후 요약표를 들고 다니면서 외우는 것이다. 지하철, 사무실, 화장실 등 어디에서나 외울 수 있다. 만드는 과정은 먼저 대공종을 쓰고, 그다음 중공종을 쓰고, 소공종을 쓴다. 그리고 소공종에 맞는 아이템을 쓴다. 아이템은 200개 중에서 뽑아서 쓴다.

예를 들면 대공종인 토공사의 경우 중공종으로 흙막이공사가 있다. 흙막이의 소공종에는 설치, 해체, 설계 등이 있으며, 설치의 경우 흙막이 종류, 설치 시 유의사항 등으로 분류하여 작성한다. 근무시간에 기술사 시험공부를 할 수는 없다. 근무시간에 할 일도 많고 집중도 잘 안 된다. 시간이 남을 때 책을 꺼내기 애매하거나 답안지를 꺼내기도 애매한 경우 한 글자 요약표를 만들면 수시로 꺼내볼 수 있다. 필자의 경우는 요약표를 책처럼 접어서 들고 다녔다. A4용지로 만들어서 손바닥만하게 접어서 들고 다니면서 시간 날 때마다 수시로 꺼내서 한 글자 다음에 나오는 문장을 외웠다.

한 글자 요약표는 아이템과도 연결 지어 사용할 수 있다. 아이템의 첫 글자를 한 글자 요약표에 소공종으로 분류하여 아이템의 그림과 같이 외우면 답안지 작성 시 활용할 수 있다.

#FOUR-STEP

제 6 장

4단계 :
심화응용

01

모의고사 실시

모의고사는 시험 보기 전 실제 시험처럼 똑같이 실시하여 긴장을 해소하기 위한 시험이다. 시험시간과 쉬는 시간을 실제 상황처럼 똑같이 정해 일주일에 1회 정도 실시하는 것이 좋다. 3단계 100분 쓰기까지 한 시간이 544시간이므로 56시간이 남았다. 이 시간을 모의고사로 채워야 한다. 모의고사는 보통 1.4시간 × 4교시로 이루어져 있다. 즉, 모의고사 1회에 5.6시간이 소요된다. 5.6시간을 10회 정도 해야 56시간이다. 역으로 말하면 시험일자로부터 10주 전부터 모의고사를 실시해야 한다.

일요일 하루 정도는 모의고사와 답안 첨삭, 보충학습 등으로 구성하여 공부해야 한다. 쓰기시간을 많이 활용하는 이유는 손에 쓰는 것을 익히도록 하기 위해서이다. 시험장에서 생각해서 쓰려고 하면 시간이 부족하다. 지금까지 연습했던 것을 자동으로 써야 답안지 14페이지를 다 채울 수가 있다. 머리로 쓰는 것이 아니라 손으로 쓸 수 있는 정도가 되어야 합격이다.

02

스스로 채점

학원에서는 옆 사람과 바꿔 채점을 할 수 있지만 혼자 공부하는 사람은 스스로 채점을 해야 한다. 주관식 문제에 대한 자신의 의견을 쓴 답안지를 자신이 채점하는 것이 모순인 것 같지만 어느 정도 수준에 오르면 자기 답안지를 스스로 채점할 수 있게 된다. 중요한 키워드가 들어가 있는지, 그림은 몇 개인지, 답변이 정확한지 등을 파악하고 점수화할 수 있다.

1교시의 경우 1문제당 10점 만점이다. 단답형이나 5지선다형처럼 답이 정확히 정해져 있지 않기 때문에 10점을 모두 받는 사람은 없다. 많이 받아야 8점 정도이다. 자기 스스로 어느 정도 정확도가 있는지를 파악하여 각자 점수화를 해 보면 보통 5~6점 정도이다. 아는 문제, 공부한 문제는 7점 정도이다. 합계를 계산하면 자신이 합격인지 불합격인지 알 수 있다. 예를 들어 아는 문제 7개×7점 = 49점, 모르는 문제 3개×3점 = 9점, 합계 58점으로 불합격이다. 물론 2~4교시에서 만회하면 된다고 생각하지만 서술형 문제는 점수를 받기 더 어렵다. 정답이 정확하게 있는 용어문제에서 점수를 받아야 다른 교시를 만회할 수 있다. 만약 위의 상황에서 9개의 문제를 알았다면 72점이다. 무려 12점이나 더 받았으므로 다른 교시에서 점수를 많이 받지 못해도 합격할 수 있다. 스스로 채점을 할 수 없는 사람은 필자에게 답안지를 보내 주면 채점해 줄 수 있다.

#FIVE-STEP

제 **7** 장

5단계 :
시험 전 총정리

01

합격을 위한 답안지 작성요령

(1) 나만의 템플릿(Template) 사용

템플릿은 도형이나 그림을 그릴 때 유용하게 사용할 수 있는 자이다. 템플릿를 만들어야 하는 이유는

첫째, 시간을 절약하기 위해서이다.

답안을 작성하다 보면 그림을 많이 그려야 한다. 매번 자로 그리기에는 한계가 있고, 시간도 많이 소요되기 때문에 템플릿을 만들면 시간을 절약하며 유용하게 사용할 수 있다.

둘째, 답안지가 풍성해진다.

도형을 많이 사용하면 답안지가 풍성해 보인다. 자로 선만 그리는 것보다는 원이나 삼각형 등 도형이 들어가면 자신이 알고 있는 지식을 더 풍부하게 표현할 수 있다.

예전에는 템플릿을 못 쓰게 한 적이 있었으나, 지금은 사용할 수 있으니 마음 놓고 사용하면 된다. 만드는 방법은 간단하다. 답안지 양식 위에 많이 사용하는 도형을 그린 후 그 위에 1mm 셀룰로이드 투명판을 덮고 도형 모양대로 칼로 자른다. 셀룰로이드 투명판의 두께는 두꺼울수록 좋으나 두꺼울수록 칼로 자르기 어렵다. 이때 주의할 점은 반드시 답안지에 그림을 그린 후 잘라야 한다. 답안지의 줄 폭이 정해져 있기 때문에 줄을 넘어가거나 줄에 차지 않으면 답안지를 작성했을 때 보기 좋지 않다. 반드시 답안지에 그림을 그린 후 칼로 끝부분까지 보기 좋게 자른다.

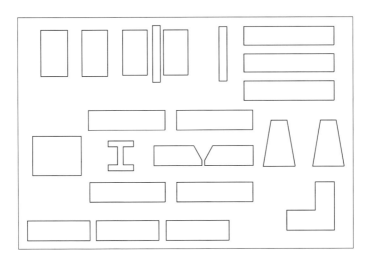

(2) 결론 맺는 법

결론은 문제에 대한 답을 요약하거나 본론에 대한 내용을 요약하는 것이다. 본론에서 나온 내용을 문제의 답이 되는 부분만 요약해서 3~4줄 정도 작성한다. 예를 들어 '콘크리트 내구성 향상 방안에 대하여 서술하시오.'라는 문제가 출제되었을 경우, 결론은 본론에서 서술한 내구성 향상 방안을 요약해서 작성한다. 결론만 읽어도 답이구나 할 정도로 작성해야 하므로 글로 설명하는 것보다는 다이어그램이나 순서도를 이용하여 결론을 맺으면 답안지가 풍성해 보인다. 스스로 만들기 쉬운 순서도를 몇 가지 모양으로 정하여 사용하면 차별화된 답안지가 된다.

필자가 주로 쓰는 다이어그램은 피시본 다이어그램이나 중앙집중형 다이어그램, 우측 마무리 다이어그램이다. 다음의 예시처럼 필자가 쓰는 다이어그램 외에도 자신만의 다이어그램을 개발하여 결론을 작성하면 시간도 절약되고 답을 다시 한번 강조할 수 있다.

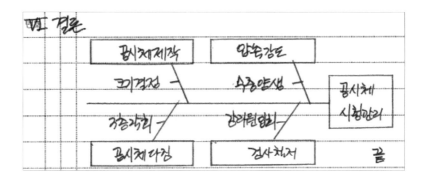

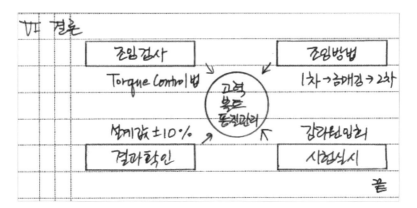

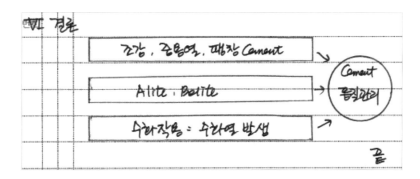

(3) 나만의 답안지 차별화 및 특화

지금까지 공부한 것을 잘 표현해야 점수를 높게 받을 수 있다. 필자가 그동안 사용한 나만의 Knowhow였던 답안지 차별화, 특화 방법을 다음과 같이 공개한다. 별거 없다고 생각하는 사람도 있겠지만 답안지 작성 시 다음의 방법을 충분히 숙지하고 작성하면 확실히 차별화된 답안지를 작성할 수 있으니 반드시 적용하기 바란다.

① 답안지를 펼쳤을 때 양쪽 페이지에 그림, 도표, 순서도, 다이어그램 등이 5개 이상 있도록 배치한다.
② 답안지 줄마다 첫 글자, 마지막 글자는 5mm 띄어 쓴다.
③ 글씨는 답안지 줄 가운데 배치될 수 있도록 한다.
④ 글자 크기는 상하 2mm 떨어진 라인에 꽉 찰 정도로 크게 쓴다.
⑤ 진한 검은색 펜이 좋으며 두께가 두꺼운 펜으로 작성하는 것이 유리하다(볼펜의 경우 1.0mm 이상, 볼펜 찌꺼기는 반드시 휴지에 닦아 가면서 쓸 것).
⑥ 애매한 선이나 그림은 그리지 않는 것이 좋다.
⑦ 도표의 양옆은 선을 긋지 않는다.
⑧ 처음부터 끝까지 글자 크기를 같게 유지해야 한다.
⑨ 그림의 경우 빈 곳이 없도록 지시선이나 설명선을 이용하여 채운다.
⑩ 누구나 알고 있는 그림은 그리지 않는다.

⑪ 그림, 도표, 순서도 등의 배치는 이형으로 하고, 한쪽 배치는 지양한다.

⑫ 답안지의 전체적인 구성은 용어 설명의 경우 1.5페이지, 서술형의 경우 3.5페이지로 구성하면 좋다. 자신 있는 문제는 0.5페이지 늘이고, 자신 없는 문제는 0.5페이지 줄여서 전체 14페이지를 채운다.

⑬ 문제의 키포인트 그림이나 도표는 7~8줄 정도 배치하고, 아이템으로 사용하는 그림은 3~4줄 정도로 배치한다.

(4) 모르는 문제를 작성해야 할 때의 Tip

기술사 시험문제는 1교시 용어 설명의 경우 13문제 중 10문제를 선택하여 작성하면 되고, 2~4교시 서술형의 경우 6문제 중 4문제를 선택하여 작성하면 된다. 선택한 문제를 모두 알면 다행이지만, 간혹 모르는 문제가 있을 경우 당황하지 말고 다음과 같은 방법으로 작성하면 된다.

첫째, 공종을 파악한다.

콘크리트, 토공사, 안전관리의 문제인지 대공종을 파악하고 내구성, 양중계획, 커튼 월 접합방식의 문제인지 중공종을 파악한다. 마지막으로 시공 시 유의사항, 장단점, 문제점 및 대책의 문제인지 소공종을 파악한다.

둘째, 우리가 만들었던 키포인트와 아이템을 이용한다.

우리가 기출문제를 분석할 때 소공종을 하나로 모아서 분석하였다. 콘크리트의 시험과 토공사의 시험을 하나로 모아서 분석한 이유가 모르는 문제를 작성하기 위해서이다. 같은 소공종을 활용하여 답안지를 작성하면 된다. 출제문제가 토공사라면, 토공사 키포인트 중 비슷한 유형을 사용하고 한글자 요약표에서 만든 소공종에서 비슷한 유형을 아이템과 함께 작성한다.

셋째, 서론은 문제를 그대로 작성하고 결론은 문제에 대한 추상적인 문장을 활용한 답으로 작성한다.

모르는 문제라도 위의 방식으로 3페이지 정도 작성하면 점수를 받을 수 있다. 이것이 서술형 문제의 장점이다. 여기서 중요한 점은 서술형은 위의 방식으로 작성이 가능하지만, 용어문제는 정확한 답을 작성해야 하므로 모르는 문제는 점수를 받을 수 없다. 그러므로 용어문제는 13개를 모두 알아야 한다는 각오로 공부해야 한다.

02

합격을 위한 답안지 작성 시
유용한 아이템

필자는 건축 분야(시공, 품질, 건설안전) 기술사 자격증을 갖고 있다. 그러나 다음 내용은 건축 분야뿐 아니라 다른 기술사 분야, 토목이나 도시계획, 조경 등에도 사용할 수 있는 아이템과 키포인트이다. 모두 합격하는 데 도움이 되도록 유용하게 사용하길 바란다.

(1) 공통 사용 용어 정의

ITEM 1) 철근부식 방지

애 → Fe^{++} ← 애 → 수산화제1철

이형 철근 → 수산화제2철

$$2Cl_2 + Fe^{++} \rightarrow FeCl_2 + 2H_2O \rightarrow$$
$$Fe(애)_2 + 2H^+ + 2Cl$$
$$4Fe(애)_2 + 2H_2O \rightarrow 4Fe(애)_3$$

ITEM 2) 시공연도 개선

Cement 입자

밀어냄

밀어냄   (Ball Bearing 효과)

ITEM 3) 골재의 최대치수

부재종류	Gmax (mm)	
	자갈	부순돌
기둥, 보, Slab	20, 25	20
기초	20, 25, 40	20, 25, 40

ITEM 4) Slump 표준값

	일반적인 경우	단면큰 경우
철근콘크리트	8~15 cm	6~12 cm
무근콘크리트	5~15 cm	5~10 cm

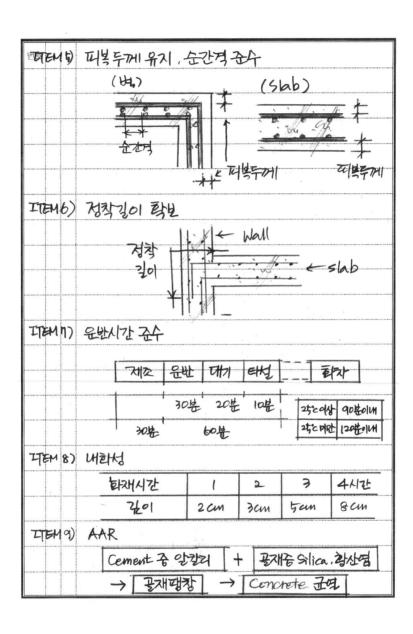

ITEM 5) 피복두께 유지 , 순간격 준수

(벽)

(slab)

순간격

피복두께

피복두께

ITEM 6) 정착길이 확보

정착
길이

← Wall

← slab

ITEM 7) 운반시간 준수

제조	운반	대기	타설		하자

| 30분 | 20분 | 10분 |
| 30분 | 60분 |

| 24℃ 이상 | 90분이내 |
| 24℃ 미만 | 120분이내 |

ITEM 8) 내화성

타재시간	1	2	3	4시간
깊이	2cm	3cm	5cm	8cm

ITEM 9) AAR

Cement 중 알칼리	+	골재중 Silica , 탄산염

→ 골재팽창 → Concrete 균열

ITEM 10) 배합강도

$$f_{cr} \geq f_{ck} + 1.34S$$
$$f_{cr} \geq (f_{ck} - 3.5) + 2.33S$$
$$S = 표준편차$$

ITEM 11) Cement 강도

$$K_{28} = K_7 + 150$$
$$K_{28} = 1.2K_7 - 0.4K_3 + 160$$

ITEM 12) 물결합재비

$$\frac{15}{F_{28}/k + 0.31} \times 100$$

ITEM 13) 다짐 철저

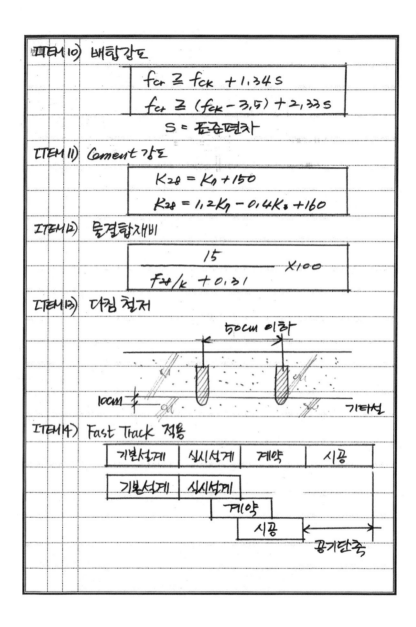

ITEM 14) Fast Track 적용

기본설계	실시설계	계약	시공

기본설계	실시설계		

계약

시공

공기단축

ITEM 15) 내화피복 복합 공법

내화판 ← Concrete
← H 형강
→ ← Membrane

ITEM 16) 이종재료 적층공법   이질재료 접합공법

← 석면성형판   ← 규산칼슘판
← 질석 plaster   외부 PC판

ITEM 17) 고력 BOLT 조임 철저

BOLT	1차조임 (Torque)
M16	1,000 Kg·cm
M20, 22	1,500 Kg·cm
M24	2,000 Kg·cm

ITEM 18) 기초 허용 침하량

구분	허용침하량 (mm)	
	모래	점토
독립기초	50	75
온통기초	75	125

ITEM 19) 다짐과 압밀

공기   ☞ 다짐 : 사질토
물   ☞ 압밀 : 점토
토립자

[TTEM 20) N치

N치	지반상태	상대밀도
0 ~ 4	대단히 느슨	0 ~ 15
4 ~ 10	느슨	15 ~ 35
10 ~ 20	보통	35 ~ 65
20 ~ 50	조밀	65 ~ 85
50 이상	대단히 조밀	85 ~ 100

[TTEM 21) 단계적 품질관리 시행

P = Plan   D = Do   C = Check   A = Action

[TTEM 22) 표준화

[TTEM 23) Turn key 방식

Project 발주	타당성 조사	기본 설계	본 설계	시공	시운 전	조 업	유지 관리

협의의 Turn key

광의의 Turn key

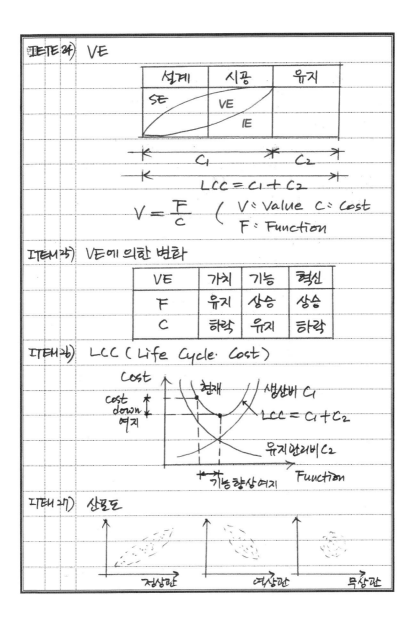

ITEM 24) VE

설계	시공	유지
SE	VE	
	IE	

$$LCC = C_1 + C_2$$

$$V = \frac{F}{C} \quad (\quad V : Value \quad C : Cost \\ F : Function$$

ITEM 25) VE에 의한 변화

VE	가치	기능	혁신
F	유지	상승	상승
C	하락	유지	하락

ITEM 26) LCC (Life Cycle Cost)

$$LCC = C_1 + C_2$$

ITEM 27) 산포도

ITEM 28) 공사관리 3요소

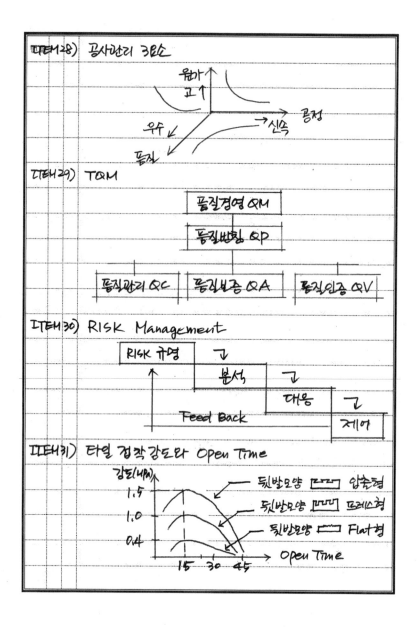

ITEM 29) TQM

| 품질경영 QM |
| 품질방침 QP |

| 품질관리 QC | 품질보증 QA | 품질인증 QV |

ITEM 30) RISK Management

RISK 규명	↲
분석	↲
대응	↲
Feed Back | 제어 |

ITEM 31) 타일 접착강도와 Open Time

강도(MPa)

- 1.5 — 뒷발모양 [무무] 압축형
- 1.0 — 뒷발모양 [무무] 프레스형
- 0.4 — 뒷발모양 [무무] Flat형

15 30 45 → Open Time

Item 31) 타일배합비   타일두께

Item 32) Sealing 폭과 깊이 관계

W≥15mm	$\frac{1}{2}W<D≤\frac{2}{3}W$ 10≤D
10≤W<15	$\frac{2}{3}W< D ≤W$

Item 33) 소음기준

구분	아침	점심	저녁
주거, 준주거	65	70	55 이하
상업, 준공업	70	75	55 이하

Item 34) 콘성화

$$Fe + H_2O + \frac{1}{2}O_2 \rightarrow Fe(OH)_2$$

$$Fe(OH)_2 + \frac{1}{2}H_2O + \frac{1}{4}O_2 \rightarrow Fe(OH)_3$$

Item 35) 습윤 양생

Water → ～～～～～～ ← Vinyl
Concrete

[ITEM 36) 물결합재비 (Water Binder Ratio)

$$W/B = \frac{51}{f_{28}/K + 0.31}$$

f_{28} = 28일 압축강도
K = Cement 강도

구분	W/B비	비고
보통콘크리트	40~70%	
경량콘크리트	45~60%	
고강도콘크리트	55% 이하	
수중콘크리트	55% 이하	
방사선차폐	60% 이하	원자력

[ITEM 37) 골재의 실적률, 공극률, 조립률

실적률 $d = \frac{W}{C} \times 100$

공극률 $v = (1 - \frac{W}{C}) \times 100$

W = 단위용적중량, C = 비중

조립률 $FM = \frac{각체에남은질량합}{100}$

[ITEM 38) 운반시간   이어치기

25°C 미만	120분이내	25°C 초과	120분이내
25°C 이상	90분이내	25°C 이하	150분이내

Slump   공기량

Slump	±25mm	보통	4.5±1.5%
Flow	±100mm	고강도	3.5±1.5%
염화물이온량	0.3kg/m³ 이하	경량	5.5±1.5%

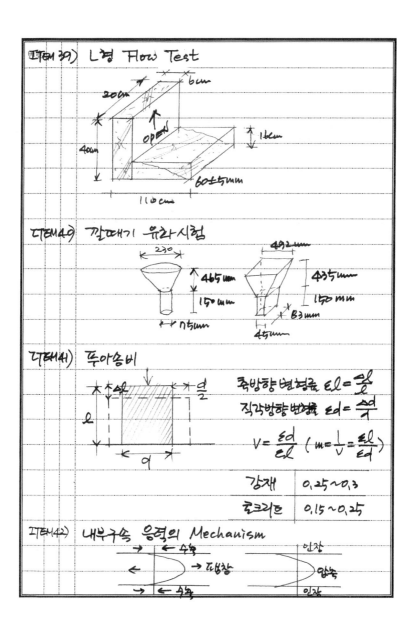

ITEM 39) L형 Flow Test

20cm · 6cm
40cm · OPEN · 16cm
60±5mm
110cm

ITEM 40) 깔때기 유하시험

230
465 mm
150 mm
75 mm

490
435 mm
150 mm
83 mm
45 mm

ITEM 41) 푸아송비

축방향 변형률 $\varepsilon\ell = \dfrac{\Delta\ell}{\ell}$

직각방향 변형률 $\varepsilon d = \dfrac{\Delta d}{d}$

$$V = \dfrac{\varepsilon d}{\varepsilon \ell} \quad \left(m = \dfrac{1}{V} = \dfrac{\varepsilon \ell}{\varepsilon d} \right)$$

강재	0.25~0.3
콘크리트	0.15~0.25

ITEM 42) 내부구속 응력의 Mechanism

수축 · 팽창 · 수축
인장 · 압축 · 인장

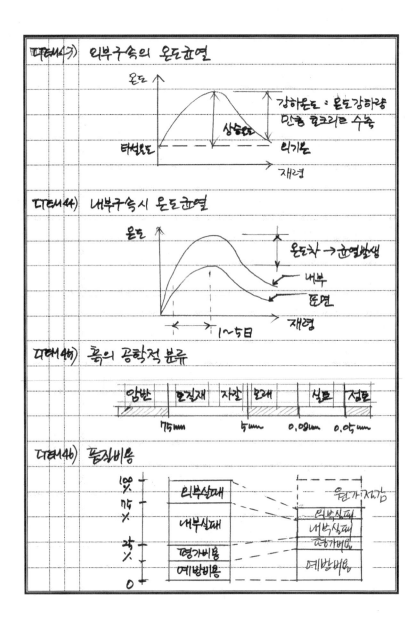

ITEM43) 외부구속의 온도균열

온도

강하온도 : 온도강하량
만큼 콘크리트 수축

상승온도

타설온도 ----

외기온

재령

ITEM44) 내부구속시 온도균열

온도

온도차 → 균열발생

내부

표면

1~5日

재령

ITEM45) 흙의 공학적 분류

암반	모집재	자갈	모래	실트	점토
75mm		5mm		0.08mm	0.05mm

ITEM46) 품질비용

100%

75%

50%

25%

0

| 외부실패 |
| 내부실패 |
| 평가비용 |
| 예방비용 |

원가저감

| 외부실패 |
| 내부실패 |
| 평가비용 |
| 예방비용 |

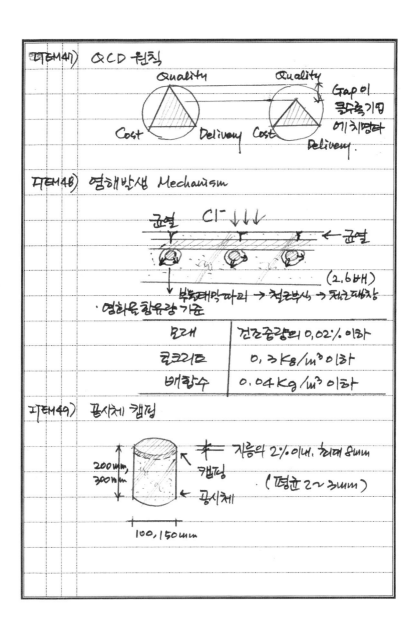

피테44) QCD 원칙

Quality

Quality

Cost   Delivery   Cost

Delivery.

Gap이
클수록기면
어지명현

피테48) 염해발생 Mechanism

균열   Cl⁻ ↓↓↓   → 균열

(2.6배)

↓ 부동태막파괴 → 철근부식 → 철근팽창

· 염화물 함유량 기준

모래	전건중량의 0.02% 이하
콘크리트	0.3 Kg/m³ 이하
배합수	0.04 Kg/m³ 이하

피테49) 공시체 캡핑

200mm, 300mm

캡핑

공시체

100, 150mm

지름의 2% 이내. 최대 8mm

(평균 2~3mm)

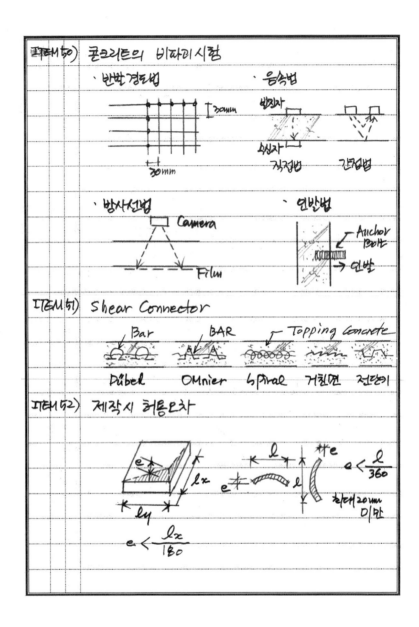

ITEM 50) 콘크리트의 비파괴시험

· 반발경도법   · 음속법

· 방사선법   · 인발법

ITEM 51) Shear Connector

Bar   BAR   Topping Concrete

Dübel   Omnier   Spiral   거친면   전단키

ITEM 52) 제작시 허용오차

$$e < \frac{\ell}{360}$$

최대 20mm 미만

$$e < \frac{\ell x}{180}$$

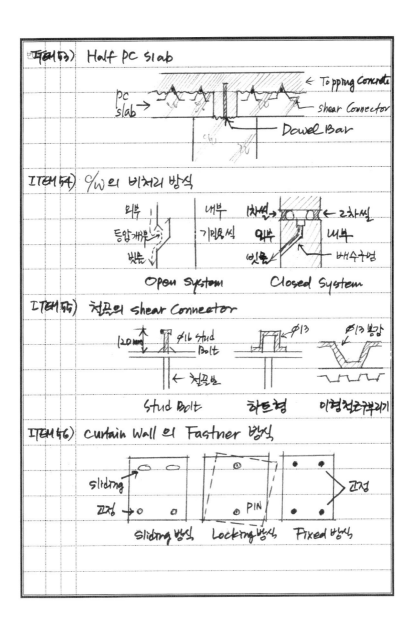

아이템53) Half PC Slab

아이템54) C/W의 비처리 방식

Open System
Closed System

아이템55) 철골의 Shear Connector

Stud Bolt
하트형
이형철근구부리기

아이템56) Curtain Wall 의 Fastner 방식

Sliding 방식
Locking 방식
Fixed 방식

[대제 57)] C/W의 물의 이동 및 대책

통재 → 상향 틈새 경사 → 물끊기 모세관 AIR pocket

윤로드 → 미관 → 기밀차 → 등압개구부

[I[대제 58)] 조적재 품질기준

구분	강도 (kgf/cm^2)	흡수율 (%)	비고
I	150 이상	20% 이하	
II	100 이상	23% 이하	

[대제 59)] 조적벽, 신축 줄눈 종류

벽의 후퇴부   높이의 차   두께의 차

[대제 60)] 내화도료 원리

70~80배   1,000℃

| 평상시 안정 | → | 불연성기체방출 | → | 팽창 | → | 열전도차단 |

온도 200~300℃   단열탄화층

[대제 61)] 도장작업 기후조건 (작업환경)

기온	5~40℃	강풍.강우	작업중단
습도	85% 이하	풍속	5㎧/sec 이하

형태6>) 유리의 허용응력

구분	두께(mm)	허용응력(kgf/cm²)	비고
판유리	3~12	18 kgf/cm²	
	15.19	15 kgf/cm²	
강화유리	4~15	50 kgf/cm²	
망입유리	6.8.10	10 kgf/cm²	

ITEM6>) ISO 9000 System 적용

(2) 공통 사용 아이템

① 토공사

번호 〈토공사〉

1) 흙의 성질

① 함수비 $= \dfrac{W_W}{W_S}$　　② 간극비 $= \dfrac{V_V}{V_S}$

③ 함수율 $= \dfrac{W_W}{W} \times 100$　④ 간극률 $= \dfrac{V_V}{V} \times 100$

⑤ 포화도 $(S) = \dfrac{V_W}{V_V} \times 100$

2) 연약지반 판정

구분	모래	점토
N치	10 이하	4 이하
일축압축	—	0.6 이하
콘관입시험	40 이하	8 이하

3) N치와 상대밀도

N치	상태	상대밀도
0~4	매우느슨	0~15
4~10	느슨	15~35
10~30	보통	35~65
30~50	조밀	65~85
50 이상	매우조밀	85~100

번호

4) 흙의 연경도

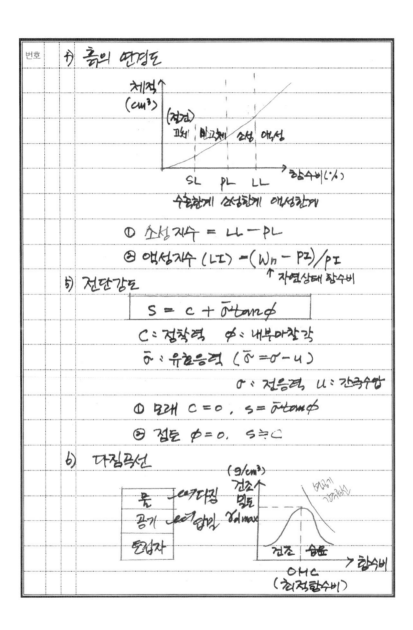

① 소성지수 = LL - PL

② 액성지수 (LI) = $(W_n - PL)/PI$
  ↑ 자연상태 함수비

5) 전단강도

$$S = c + \bar{\sigma} tan\phi$$

C = 점착력 ϕ = 내부마찰각

$\bar{\sigma}$ = 유효응력 ($\bar{\sigma} = \sigma - u$)

  σ = 전응력, u = 간극수압

① 모래 c = 0, $S = \bar{\sigma} tan\phi$

② 점토 $\phi = 0$, $S = c$

6) 다짐곡선

번호		

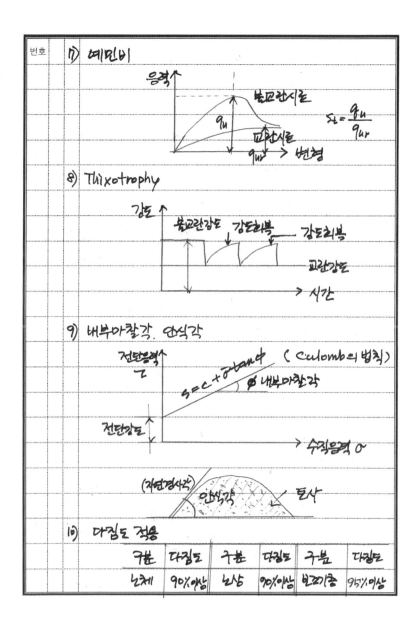

7) 예민비

응력↑

불교란시료

q_u

교란시료

q_{ur} → 변형

$S_t = \dfrac{q_u}{q_{ur}}$

8) Thixotrophy

강도↑

불교란강도   강도회복   강도회복

교란강도

→ 시간

9) 내부마찰각. 안식각

전단응력↑

$S = c + \sigma \tan\phi$ (Culomb의 법칙)

ϕ 내부마찰각

전단강도

→ 수직응력 σ

(자연경사각)

안식각   토사

10) 다짐도 적용

구분	다짐도	구분	다짐도	구분	다짐도
노체	90%이상	노상	90%이상	보조기층	95%이상

1) Boiling, Heaving, Piping

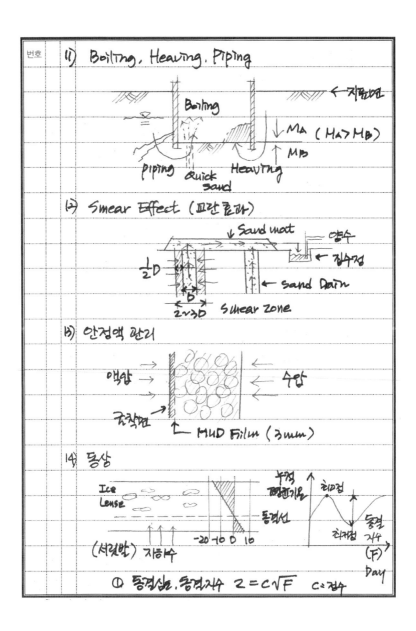

2) Smear Effect (피란 효과)

3) 안정액 관리

4) 동상

① 동결심도. 동결지수 $Z = C\sqrt{F}$ C=정수

번호		

15) 부마찰력

P(하중)

부마찰력 (Negative Friction)

중립점 →

선단지지력

16) 평판재하시험

← 굴삭기

① 총침하량 2cm 도달

재하판 φ30, 45, 75

단기허용지내력 × 2 = 장기   □ 30×30×2.5

17) 표준관입시험

63.5kg →

76cm

① 30cm 도달시

타격횟수 N

← Sampler

30cm

18) 허용침하량

구분	모래 (mm)	점토 (mm)
독립기초	50	75
온통기초	75	125

번호	**19) 정재하, 동재하**		
	구분	정재하	동재하
	시험장소	넓은 장소필요	좁은 장소
	비용	다소 비쌈	저가
	시험시간	다소 걸림	짧음
	시험결과	판정 우수	판정 보통

20) 공학적 분류

암설	토질	자갈	모래		실트	점토

75mm   5mm   0.08mm 0.005mm

(4번체)

← 체가름 ← | Consistency

21) 연약지반 개량공법

① 진동다짐   ② 모래다짐 말뚝   ③ 압성토

Vibro
Float   ← Water
Jet

모래   여성토

$\frac{h}{3}$ 압성토 h

2h

④ 사면선단재하   ⑤ 프리로딩   ⑥ 드레인공법

Preloading

0.5~1M.   ← Sand
Mat   ← 모래
Drain

⑦ 고결   ⑧ 진공   Sand mat

CaO → 수화열 → H_2O Filter

번호		

22) 침하. 균열 원인

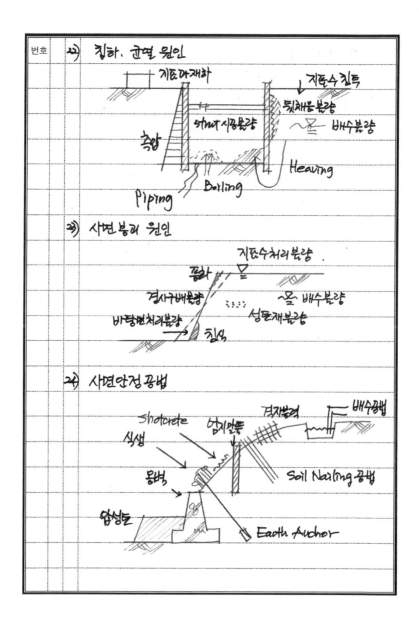

23) 사면붕괴 원인

24) 사면안정 공법

번호	

4) 지반개량

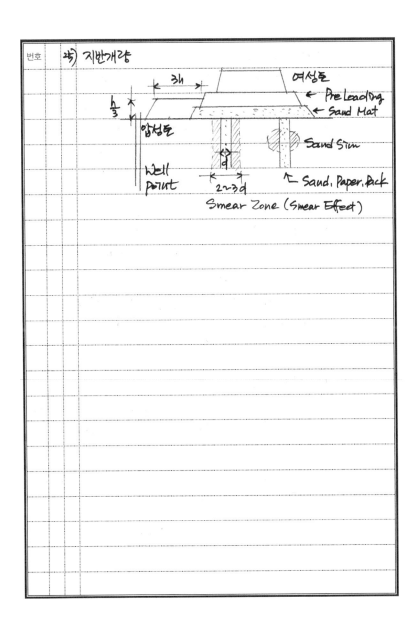

② 콘크리트 공사

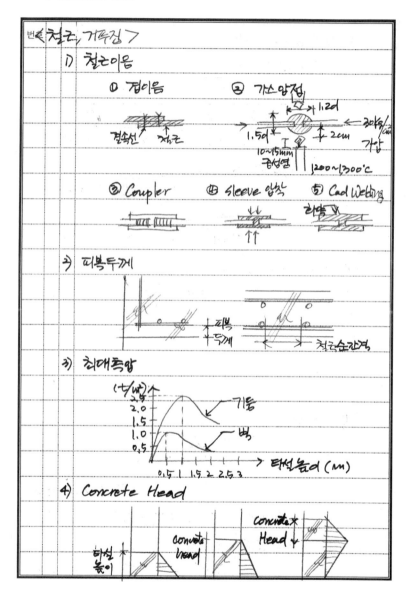

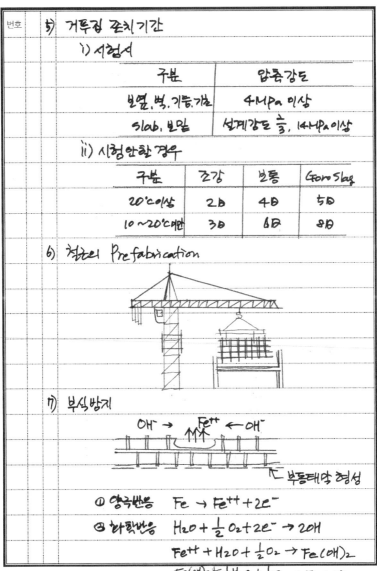

5) 거푸집 존치기간

　　i) 시험시

구분	압축강도
보면, 벽, 기둥,가료	4MPa 이상
Slab, 보밑	설계강도 $\frac{2}{3}$, 14MPa이상

　　ii) 시험안할 경우

구분	조강	보통	Goro Slag
20°C이상	2日	4日	5日
10~20°C미만	3日	6日	8日

6) 철근의 Prefabrication

7) 부식방지

OH⁻ → Fe⁺⁺ ← OH⁻

부동태막 형성

① 양극반응　　$Fe \rightarrow Fe^{++} + 2e^-$

② 환원반응　　$H_2O + \frac{1}{2}O_2 + 2e^- \rightarrow 2OH^-$

$$Fe^{++} + H_2O + \frac{1}{2}O_2 \rightarrow Fe(OH)_2$$

$$Fe(OH)_2 + \frac{1}{2}H_2O + \frac{1}{4}O_2 \rightarrow Fe(OH)_3$$

번호 콘크리트 >

1. 재료

1) Cement 분말도

구분	분말도	비고
보통 Cement	3,000 cm²/gf	
중용열 Cement	2,800 cm²/gf	
조강 Concrete	3,200 cm²/gf	

2) 응결. 경화 과정

반응 속도 ↑

유도기 │ 가속기 │ 감속기
30분~2시간

→ 시간

3) 골재의 함수상태

절건   기건   표건   습윤

유효흡수량

흡수량 ┃ 표면수량

함수량

① 흡수율 = 흡수량 / 절건골재의 중량 × 100

② 유효흡수율 = 유효흡수량 / 기건상태 골재중량 × 100

4) 혼화재 . 혼화제

구분	혼화재	혼화제
의의	첨가재료적 성질	화학약품적 성질
사용량	Cement 중량 5% 이상	5% 미만
배합	중량에 포함	중량 미포함
종류	Fly Ash. Goro Slag	A E제. 감수제

5) 골재 함량

$$골재율 = \frac{각 체에 남는 시료중량 백분율의 합}{100}$$

$$실적율 = \frac{w}{\rho} \times 100$$

$$공극율 = \left(1 - \frac{w}{\rho}\right) \times 100$$

6) 물결합재비

$$W/B = \frac{51}{f_{28}/K + 0.31}$$

K : Cement강도
f_{28} : 28일강도

구분	W/B	구분	W/B
보통콘크리트	40~70%	내화학성	45~50%
경량콘크리트	45~60%	내동해성	45~60%
고강도콘크리트	55% 이하	수밀성	50% 이하

7) slump

구분	일반적 cm	단면 큰 경우 cm
철근콘크리트	8~15	6~12
무근콘크리트	5~15	5~10

번호 | 8) 온도균열

온도 ↑
내부
표면
온도차에
의해
균열
팽창 ⇐
수축 →
인장
압축
인장

재령
1~5일

9) 화재에 의한 Concrete 손상

```
       100    200    300    400°C
  0  |----|------|------|------|
     자유간극수  물리적흡착수   화학적결합수
      방출       방출         방출
```

온도	80분후 (800°C)	90분후 (900°C)	180분후 (1100°C)
손상깊이	0~5mm	15~25mm	30~50mm

10) 강재의 응력, 변형도 곡선

응력도 ↑
(σ)

A = 비례한계점
B = 탄성한계점
C = 상위항복점
D = 하위항복점
D' = 항복종결점
E = 최대강도점
F = 파괴강도점

변형도 →
(ε)

$$\tan\alpha = \frac{\sigma}{\varepsilon} = E$$
(탄성계수)

11) 내화시간

화재시간	1	2	3	4시간
손상깊이	2	3	5	8cm

2. 배합

1) 배합강도

구분	배합강도
$f_{cr} \leq 35MPa$	$fck + 1.34s$
	$(fck - 3.5) + 2.33s$
$f_{cr} > 35MPa$	$0.9fck + 2.33s$

S는 압축강도의 표준편차

2) Gmax

구분	자갈 mm	쇄석 mm
b. slab. 기둥. 벽	20, 25	20
기초	20, 25, 40	20, 25, 40

3) 염화물 함유량

구분	기준	비고
모래	건조중량 0.02% 이하	
콘크리트	0.3 kg/m³ 이하	
배합수	0.04 kg/m³ 이하	

4) 물결합재비

구분	기준	비고
보통콘크리트	40~70%	W/B =
경량콘크리트	45~60%	51
고강도콘크리트	55% 이하	$\frac{52\theta}{K} + 0.31$

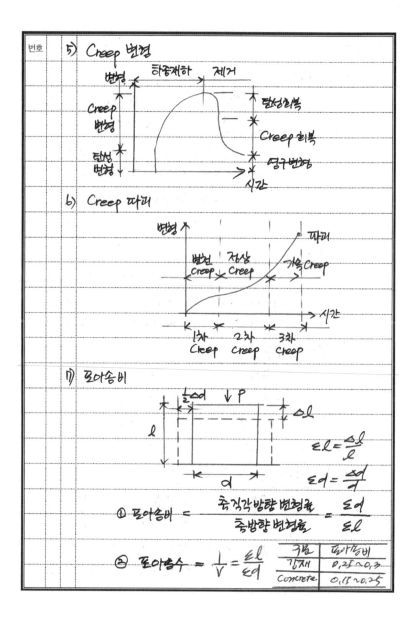

번호

5) Creep 변형

변형 ← 하중재하 → 제거

Creep 변형

탄성복복

Creep 회복

탄성 변형

영구변형

시간

6) Creep 파괴

변형

파괴

변천 Creep | 정상 Creep | 가속 Creep

시간

1차 Creep | 2차 Creep | 3차 Creep

7) 포아송비

$$\varepsilon l = \frac{\Delta l}{l}$$

$$\varepsilon d = \frac{\Delta d}{d}$$

① 포아송비 = $\dfrac{축직각방향 변형률}{축방향 변형률} = \dfrac{\varepsilon d}{\varepsilon l}$

② 포아송수 = $\dfrac{1}{V} = \dfrac{\varepsilon l}{\varepsilon d}$

구분	포아송비
강재	0.25~0.3
Concrete	0.15~0.25

번호	

8) 알칼리 골재 반응 (AAR)

$$\boxed{\text{Cement 알칼리}} + \boxed{\text{골재 Silica}} \rightarrow \boxed{\text{규산칼슘}}$$

Na, K SiO_2

골재팽창 → 균열

9) 염해

균열

Cl^- Cl^- ← 부동태막 파괴

철근부식 → 2.6배 팽창 → 균열

10) AE제 사용

Cement 입자

회전

Ball bearing (기포)

밀어냄

분산작용
(정전기 반응)

11) 고유동화제

50cm

76.1cm

Slump
21

12
cm

롯합전 후

시간

12) Gmax

구분	자갈	쇄석
기둥, 보, slab, 벽	20, 25	20
기초	20, 25, 40	20, 25, 40

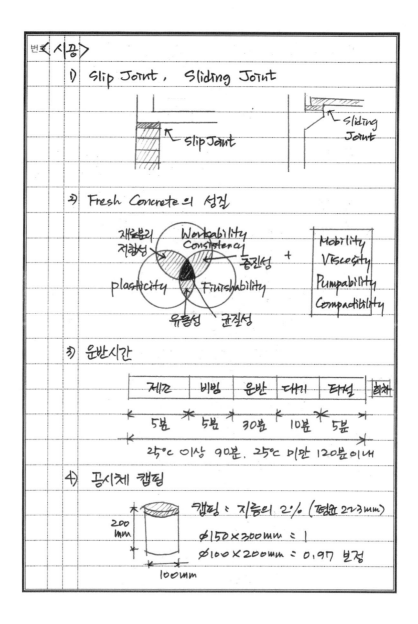

1) Slip Joint, Sliding Joint

2) Fresh Concrete의 성질

재료분리 저항성 / Workability / Consistency → 충진성 +
plasticity / Finishability
유동성 / 균질성

Mobility
Viscosity
Pumpability
Compactibility

3) 운반시간

제조	비빔	운반	대기	타설	회차
5분	5분	30분	10분	5분	

24°C 이상 90분, 25°C 미만 120분 이내

4) 공시체 캡핑

캡핑 = 지름의 2% (평균 2~3mm)
Φ150×300mm = 1
Φ100×200mm = 0.97 보정

200mm
100mm

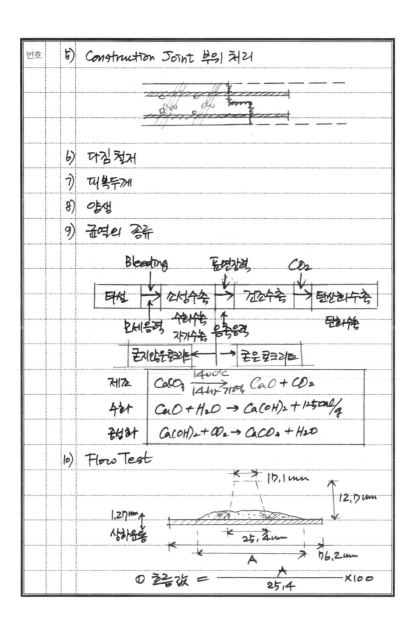

번호	
	5) Construction Joint 부위 처리
	6) 다짐 철저
	7) 피복두께
	8) 양생
	9) 균열의 종류
	10) Flow Test

5) Construction Joint 부위 처리

6) 다짐 철저

7) 피복두께

8) 양생

9) 균열의 종류

Bleeding   동결압력 CO_2

타설 → 소성수축 → 건조수축 → 탄산화수축

모세응력   수화수축 / 자기수축   응축응력   탄화수축

굳지않은콘크리트 ← → 굳은콘크리트

제조	$CaCO_3 \xrightarrow[14h]{1400°C} 기억 \; CaO + CO_2$
수화	$CaO + H_2O \rightarrow Ca(OH)_2 + 125cal/g$
탄성화	$Ca(OH)_2 + CO_2 \rightarrow CaCO_3 + H_2O$

10) Flow Test

17.1mm

12.7mm

1.27mm 상하운동

25.4mm

A   76.2mm

① 흐름값 $= \dfrac{A}{25.4} \times 100$

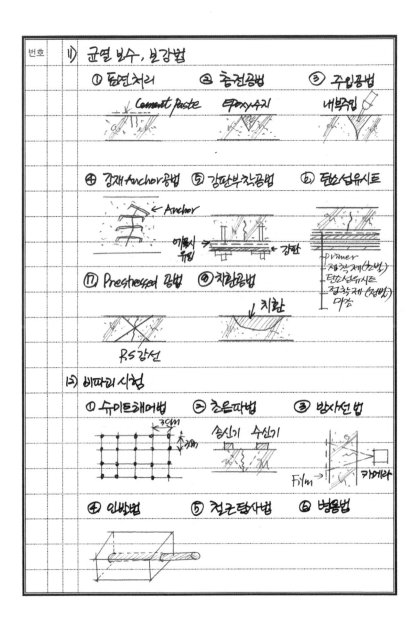

번호	1) 균열 보수, 보강법

1) 균열 보수, 보강법

① 표면처리   ② 충전공법   ③ 주입공법

Cement paste   Epoxy수지   내부주입

④ 강재Anchor공법   ⑤ 강판부착공법   ⑥ 탄소섬유시트

← Anchor

에폭시 주입 / 강판

Primer
접착제 (2번)
탄소섬유시트
접착제 (3번)
마감

⑦ Prestressed 공법   ⑧ 치환공법

↓ 치환

RS 강선

2) 비파괴 시험

① 슈미트해머법   ② 초음파법   ③ 방사선 법

3cm
3cm

송신기   수신기

Film   카메라

④ 인발법   ⑤ 철근탐사법   ⑥ 병용법

B) 좋은 콘크리트

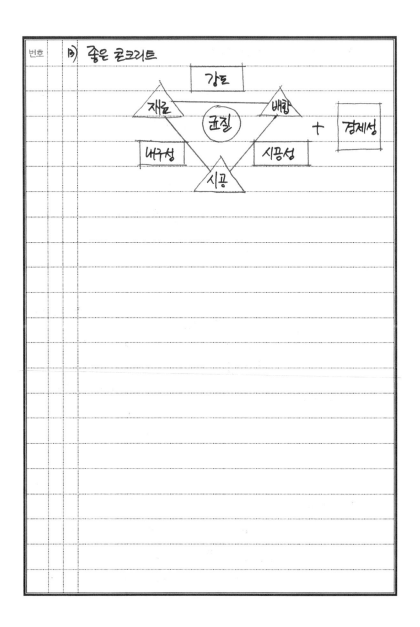

③ 철골공사

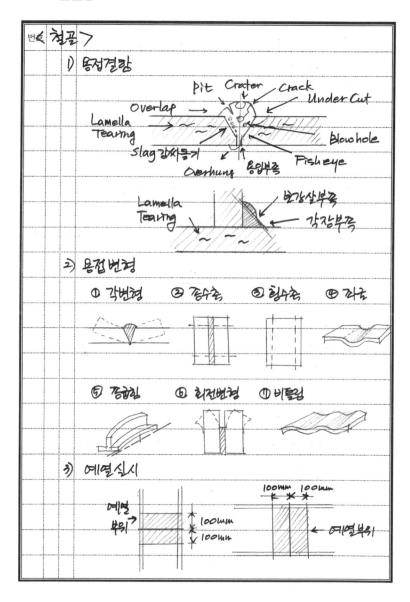

번호	

4) 재료관리 ① 서늘한곳. ② 용접봉

5) 잔류응력

6) 뒷댇재 (Back strip)

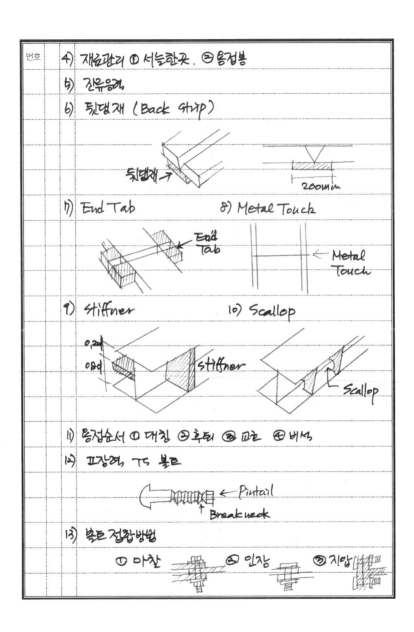

7) End Tab   8) Metal Touch

9) Stiffner   10) Scallop

11) 용접순서 ① 대칭 ② 후퇴 ③ 교호 ④ 비석

12) 표장력, TS 볼트

13) 볼트 접합방법

① 마찰   ② 인장   ③ 지압

⑭ Nut 회전법

1차조임 → 금매김

→ 2차조임

120°±30°

⑮ Torque Control 법

$$T = k \cdot d \cdot N$$

k : 토크계수 d : 볼트지름 N : 축력

① 기준값 ± 10% 합격

⑯ 볼트조임 1차 토크값

구분	Torque 값	비고
M16	1,000 Kgf/cm²	
M20, 22	1,500 Kgf/cm²	
M24	2,000 Kgf/cm²	

⑰ Gouging 실시

⑱ 용접사 기량

⑲ 비파괴검사 ① 방사선투과 ② 초음파탐상 ③ 자기분말탐상

④ 침투탐상

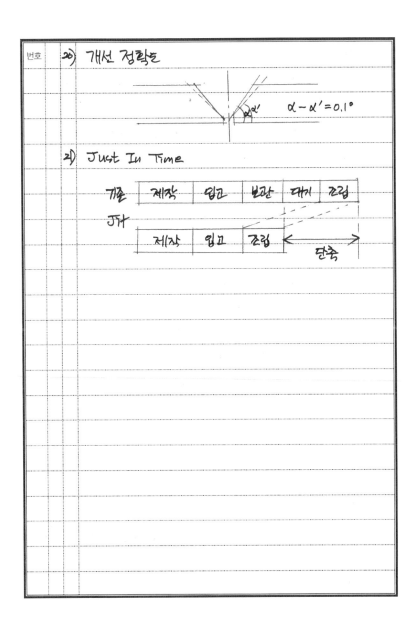

번호

20) 개선 정착는

$\alpha - \alpha' = 0.1°$

21) Just In Time

기준	제작	입고	보관	대기	조립

JIT

	제작	입고	조립	← 단축 →

④ 품질관리

품질관리

1) 기술자 배치 기준 (품질관리자)

구분	규모	시험실규모	배치기준
특급	1,000억이상, 50,000㎡이상	50㎡	특급1, 중급2
고급	위조항1/2중 특급제외공사	50㎡	고급1, 중급2
중급	100억 이상, 5,000㎡이상	20㎡	중급1, 초급1
초급	위조2항 중 중급제외공사	20㎡	초급1

2) 시험

선정시험	설계기준, 재료, 사전조사에 필요한 시험
관리시험	KS규정, 특기시방서 등에 규정된 시험
검사시험	위의 선정, 관리시험 검사하는 시험

3) 검사와 시험

구분	검사	시험
적합여부	판단함	판단안함
기간	짧음	기간이 김
주최	현장대리인	대행기관, 시험사

4) 품질경영

```
              ┌─────────────┐
              │  품질경영  QM │
              └──────┬──────┘
                ┌────┴─────┐
                │ 품질방침 QP│
                └────┬─────┘
      ┌────────┬────┴────┬────────┐
 ┌─────────┐ ┌─────────┐ ┌─────────┐
 │ 품질관리 │ │ 품질보증 │ │ 품질인증 │
 │   QC    │ │   QA    │ │   QV    │
 └─────────┘ └─────────┘ └─────────┘
```

| 번호 | | | | |

5) 품질관리 계획, 품질시험 계획

구분	품질관리계획서	품질시험계획서
내용	ISO 9001 내용기반	시험횟수, 시험실운영
확인	년1회	년1회
확인자	행정기관장, 시험소장	행정기관장, 시험소장
대상	500억이상 건설공사	5억 이상 토목공사
	30,000㎡ 이상 건축공사	660㎡ 이상 건축공사
	제출이 명시된 공사	2억이상전문공사

6) 품질관리 통계적 기법 (7가지 Tool)

① 관리도 : 안정상태로 유지

상부한계선

하부한계선

② 히스토그램 : Data 의 분포

③ 산포도 : Graph 에 점으로 나타낸 그림

④ 체크시트 : 화장실, 극장등의 화장실 점검표

⑤ 층벽관리 : 집단, 조건별 구분

⑥ 특성요인도

⑦ 파레토도 : 중점처리대상 파악

7) 시험실 환경

구분	조건	구분	조건
온도	20~27.5℃	상대습도	50% 이하
수조	20±2℃	습기함습도	90% 이상

8) 공사관리 3요소

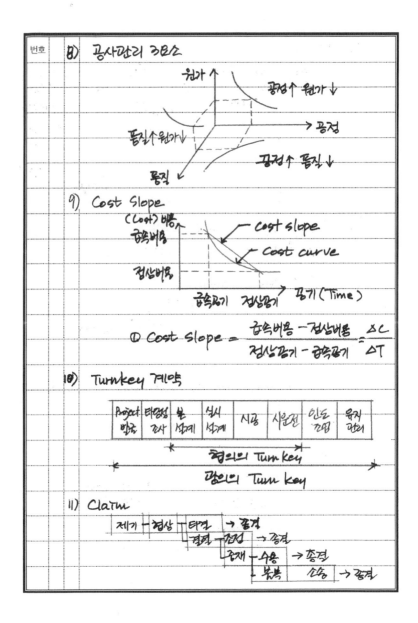

원가↑

공정↑ 원가↓

공정

품질↑원가↓

공정↑ 품질↓

품질

9) Cost Slope

(Cost) 비용

급속비용

정상비용

Cost slope

Cost curve

급속공기 정상공기 공기(Time)

① Cost Slope = $\dfrac{\text{급속비용} - \text{정상비용}}{\text{정상공기} - \text{급속공기}} = \dfrac{\triangle C}{\triangle T}$

10) Turnkey 계약

Project 발주	타당성 조사	본 설계	실시 설계	시공	시운전	인도 검명	유지 관리
		협의의 Turn key					
	광의의 Turn key						

11) Claim

제기 ─ 협상 ─ 타결 → 종결
　　　 협정 ─ 조정 → 종결
　　　　　　 중재 ─ 수용 → 종결
　　　　　　　　　 불복 ─ 소송 → 종결

번호

(2) VE

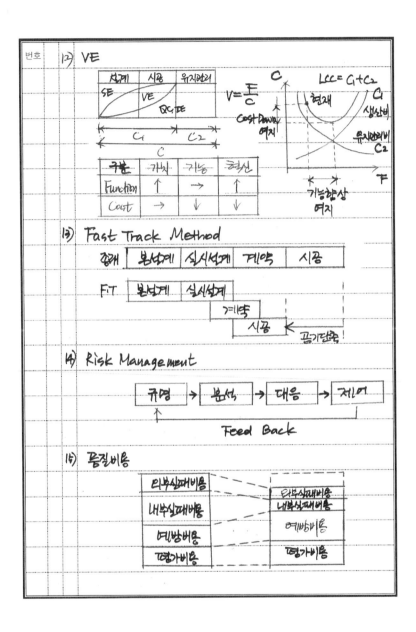

구분	가치	기능	원가
Function	↑	→	↑
Cost	→	↓	↓

$$V = \frac{F}{C}$$

$$LCC = C_1 + C_2$$

(3) Fast Track Method

종래	본설계	실시설계	계약	시공

F.T	본설계	실시설계

계약

시공 ← 공기단축!

(4) Risk Management

규명 → 분석 → 대응 → 전이

Feed Back

(5) 품질비용

외부실패비용	⟍	외부실패비용
내부실패비용		내부실패비용
예방비용		예방비용
평가비용		평가비용

번호	16) QCD 원칙

16) QCD 원칙,

Quality
Cost   Delivery

Gap차이
클수록기요
에 치명타

17) ISO 9000 SYSTEM 도입

설계/개발	시공	시험/검사	Service

9003
9002
9001

18) 6 Sigma

관리 Control   C | M   Measurement 측정
개선 Implement   I | A   Analysis 분석

⑤ 기타

변론 <단열, 소음, 결로>

1) 냉교, 열교

2) 냉, 열교, 결로, 단열 대책

① 외단열　　　　② 코너보강

③ 통기구 설치　　④ 최하층 단열

3) 바닥충격음

구분	경량음 dB	중량음 dB
1등급	L ≤ 43	L ≤ 40
2등급	43 < L ≤ 48	40 < L ≤ 43
3등급	48 < L ≤ 53	43 < L ≤ 47
4등급	53 < L ≤ 58	47 < L ≤ 50

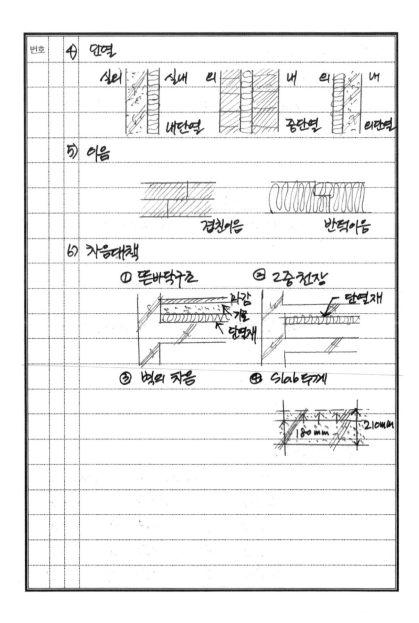

번호	④ 단열

④ 단열

실외 ... 실내 ... 외 ... 내 ... 외 ... 내

내단열   중단열   외단열

5) 이음

겹친이음   반턱이음

6) 차음대책

① 뜬바닥구조   ② 2중천장

마감
기포
단열재

단열재

③ 벽의 차음   ④ Slab 두께

180mm   210mm

(3) 답안지 차별화를 위한 Key-point

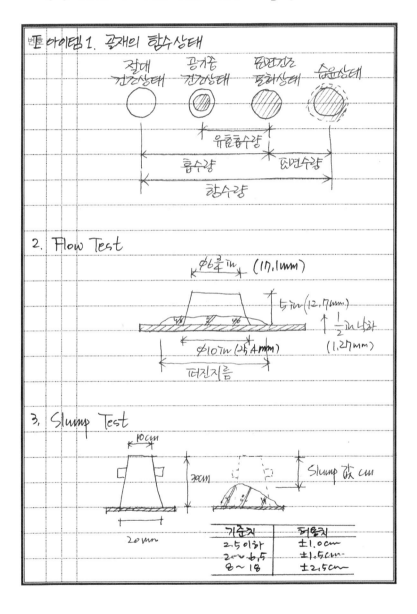

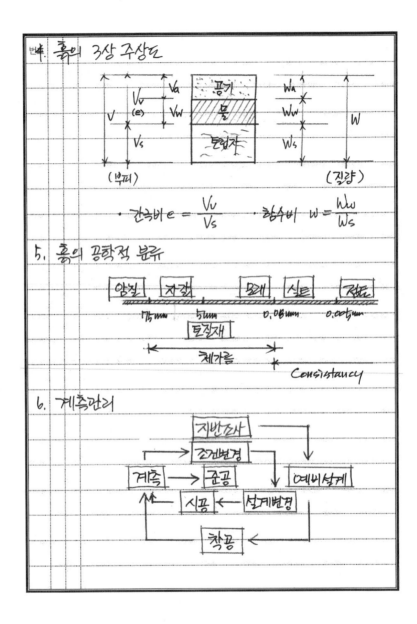

번4. 흙의 3상 주상도

(부피)　　　　　　　　　　（질량）

• 간극비 $e = \dfrac{V_v}{V_s}$　• 함수비 $w = \dfrac{W_w}{W_s}$

5. 흙의 공학적 분류

| 암석 | 자갈 | 모래 | 실트 | 점토 |

75mm　　5mm　　　　0.08mm　　0.005mm

토질재

체가름

Consistancy

6. 계측관리

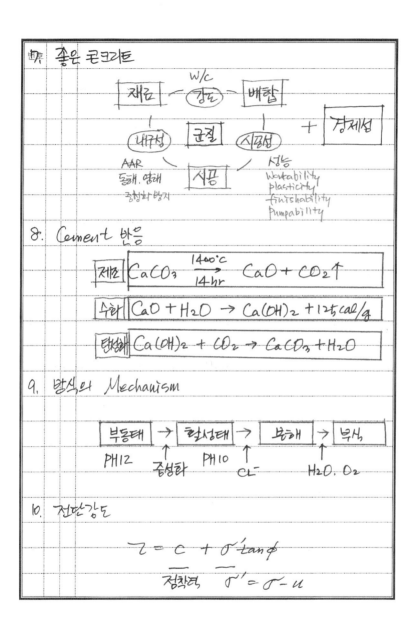

7. 좋은 콘크리트

8. Cement 반응

| 제조 | $CaCO_3 \xrightarrow[14hr]{1400°C} CaO + CO_2\uparrow$ |

| 수화 | $CaO + H_2O \rightarrow Ca(OH)_2 + 125 cal/g$ |

| 탄산해 | $Ca(OH)_2 + CO_2 \rightarrow CaCO_3 + H_2O$ |

9. 방식의 Mechanism

부동태 → 활성태 → 분해 → 부식

PH12   중성화 PH10   Cl⁻ H_2O, O_2

10. 전단강도

$$\tau = C + \sigma' \tan\phi$$

정착력 $\sigma' = \sigma - u$

11. 성토재 요구조건

구분	조건
전단강도	$C\uparrow, \phi\uparrow$
액상지수 LL	50% ↓
소성한계 PL	25% ↓
간극율 n	42% ↓
건조밀도	$1.5t/m^2\uparrow$
Trafficability	양호
입도	양호
지지력	양호

12. 용접결함

① Overlap
② Pit
③ Crack
④ Under Cut
⑤ Slag 감싸돌기
⑥ 용입불량 (부족)
⑦ Crater
⑧ Blow Hole
⑨ Fish eye (Slag + B Hole)
⑩ Over hung
모재

13. 굳지 않은 Concrete

재료분리저항 — Workability — 충진성
균질성 — Plasticity — Finishability
유동성

+ Mobility / Viscosity / Pumpability

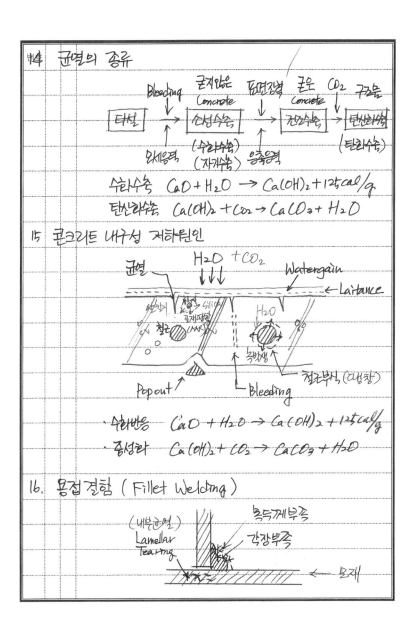

14. 균열의 종류

Bleeding ← 굳지않은 Concrete → 표면장력 굳은 Concrete → CO₂ 구조물

$$타설 \xrightarrow{} 소성수축 \xrightarrow{} 건조수축 \xrightarrow{} 탄산화수축$$

외세응력 (수화수축) (자기수축) 응축응력 (탄화수축)

수화수축 $CaO + H_2O \rightarrow Ca(OH)_2 + 125 cal/g$

탄산화수축 $Ca(OH)_2 + CO_2 \rightarrow CaCO_3 + H_2O$

15. 콘크리트 내구성 저하원인

균열 $H_2O + CO_2$ Watergain ← Laitance

철근 (ASR) 공재팽창 H_2O

Popout Bleeding 철근부식 (팽창)

· 수화반응 $CaO + H_2O \rightarrow Ca(OH)_2 + 125 cal/g$

· 중성화 $Ca(OH)_2 + CO_2 \rightarrow CaCO_3 + H_2O$

16. 용접결함 (Fillet Welding)

(내부균열) Lamellar Tearing 목두께부족 각장부족 모재

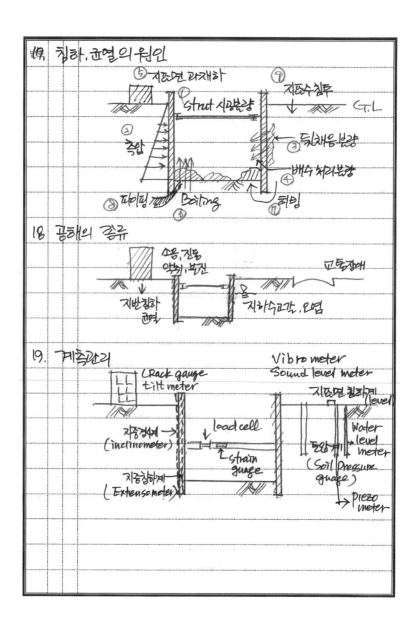

17. 침하, 균열의 원인

⑤ 지표면 과재하   ⑦ 지하수침투   G.L
                Strut 시공불량
        ②
        측압   ③ 뒷채움불량
                                    ④ 배수 처리불량
        ⑧ 파이핑 Boiling   ⑥ 히빙

18. 공해의 종류

        소음, 진동   교통장애
        악취, 분진
                            물
        지반침하   지하수고갈, 오염
        균열

19. 계측관리

                        Vibro meter
                        Sound level meter
        Crack gauge   지표면 침하계
        tilt meter   level

        지중경사계 →   ↓ load cell   Water
        (inclinometer)   level
                    ↑ strain   meter
                      gauge   토압계
        지중침하계   (Soil pressure
        (Extensometer)   guage)
                                    → piezo
                                      meter

20 건설기술자 배치 기준

대상구분	공사규모	시험실규모	건설기술자
특급	공사비 천억, 연면적오만	50배²이상	특급1, 중급2
고급	특급대상외전공사	50배²이상	고급1, 중급2
중급	공사비 100억 연면적 5,000	20배² 〃	중급1, 초급2
초급	공급대상외전공사	20배²이상	초급1

21. 검사와 시험

구분	시험	검사
목적	생산성향상	제품보증
내용	좋은 목적물 연구	기준과 비교하며 판정
대상	제조공정	물건
주최	작업원	검사원
표준	작업표준	검사규칙
개념	재발방지, 원연제거	불량, 현상제거
효과	좋은 목적물 체계	좋은 제품 공급

22. 직접가선공사

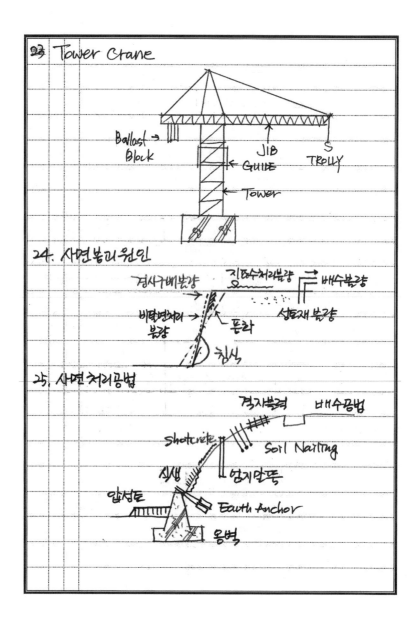

23. Tower Crane

Ballast → Block

JIB
GUILE
TROLLY

Tower

24. 사면붕괴원인

경사구배불량
집중수처리불량
배수불량

비탈면처리 불량
토압
성토재 불량

침식

25. 사면처리공법

격자블럭
배수공법

Shotcrete
Soil Nailing

식생
억지말뚝

압성토
Earth Anchor

옹벽

(4) 모의고사 풀이 예제

① 1교시

국가기술자격 기술사 시험문제

기술사   제 93 회   제 1 교시 (시험시간: 100분)

분야	건축	자격종목	건축품질시험기술사	수험번호	l..4801	성명	이덕남.

※ 다음 문제 중 10문제를 선택하여 설명하시오. (각10점)

1. 시멘트의 응결시간 측정 시험법 ○

2. 인성계수(Modulus of Toughness) ✓

3. 목재의 방부처리법 ○

4. 흙의 압밀침하와 탄성침하 ○

5. 배강도 유리 ○

6. 아스팔트의 침입도 시험 ○

7. 강재의 바우싱거 효과(Bauschinger's effect)

8. 유·무기질계 하이브리드 코팅제(Hybrid Coating Materials) ○

9. TMCP강(Thermo Mechanical Control Process Steel) ○

10. 내화재료와 방화재료 ○

11. 골재의 함수상태와 그에 따른 수량관계 ○

12. 콘크리트의 염화물 함유량 시험 ○

13. 순환골재 콘크리트 ○

1 - 1

답)

I. 개요

1) 목재의 방부처리법에는 침지법, 도포법, 주입법, 표면
탄화법, 생리주입법 등이 있음

→ 함수율에 맞는 처리법을 선정하여 처리

II. 목재의 함수율

전건상태   기건상태   섬유포화점   생재

0%   15%   30%   60~100%

목재의 함수량

① 목재의 함수율 = $\dfrac{\text{목재의 함수량}}{\text{전건상태의 중량}} \times 100$

III. 방부처리법

1) 침지법

← 수간

← 방부제

① 방부제에 10시간 ~ 5일 정도 담가놓음

→ 주입법

목재

← 주사기

① 약액을 주사기로
주입하는 방법

3) 도포법

목재

솔

솔로 방부제
도포

4) 표면 탄화법

표면탄화

불로 표면을
탄화시킴

불

5) 생리주입법

① 벌채 전 생재 뿌리에 방부제 주입

② 효과 미비하여 많이 사용하지 않음

끝

문제4) 흙의 압밀 침하다 탄성 침하

답)

I. 정의   간극수가 배수되며

1) 흙의 압밀 침하란 흙속의 물을 없애는 과정에서
   과도한 지하수의 제거로 침하하는 현상

2) 탄성 침하란 역학적인 원인, 진동, 충격등에 의해
   침하하는 현상 하중재하 시 즉시 발생하는 침하
                시간에 관계없음

II. 흙의 성질

   ① 흙은 물, 공기, 토정자로 구성

$$간극비 = \frac{V_v}{V_s} \times 100 \quad 간극비 = \frac{V_v}{V} \times 100$$

$$함수율 = \frac{W_w}{W_s} \quad 함수율 = \frac{W_w}{W} \times 100$$

Ⅲ 압밀침하의 특징

1) 지하수 제거

① 지하수의 과도한 제거로 흙의 침하발생

⇒ Boiling, Piping 의 원인

Ⅳ 탄성침하의 특징

1) 진동, 충격

① 역학적인 원인에 의해 흙의 침하 발생

Ⅴ 압밀침하와 탄성 침하

	압밀침하	탄성침하
침하원인	지하수제거	진동, 충격
결과	Boiling, Piping	액상화

끝

문제 5) 배강도 유리

답)

I. 정의

1) 배강도 유리란 보통판유리의 2~3배 정도의 압축 강도를 갖는 유리로 열파손시 비산되지 않아 고층 외벽에 많이 사용하는 유리 (판유리 열처리 유리표면에)

→ 강화유리의 50% 정도의 강도를 가짐

II. 유리의 강도비교

구분	강도	비고
보통유리	5~18 Kgf/cm²	두께 8mm/10
강화유리	50 Kgf/cm²	
배강도유리	30 Kgf/cm²	
망입유리	10 Kgf/cm²	

III. 배강도 유리의 특징

1) 강도

① 30Kgf/cm² 로 강화유리의 50%

② 보통유리의 2~3배 정도의 강도 가짐

→ 투과율 좋음

반사음에너지 (A)
입사음에너지 (I)
흡수음에너지 (A)
투과음에너지 (T)
투과율 = T/I

③ 가시광선 통과, 적외선 차단

① 냉·난방에 좋은 가시광선 통과, 적외선차단

Ⅳ 시공시 주의사항

1) 열파손 주의

① 컨텀이나 측색 금지.

⇒ 코킹두께 준수

구분	기준
W≥15mm	$\frac{1}{2}W \leq D < 15$
W<15mm	$\frac{2}{3}W \leq D < \frac{3}{4}W$

⇒ 검사 철저

① 감리원 입회하에 검측요청서, 사진등기록

끝

문제4) Asphalt 의 침입도시험

25℃, 100g, 5초

답

규정된 침이 속에 들어간 길이

Ⅰ. 정의 경도를 나타내는 수치, 규정된 온도, 하중, 시간에

1) Asphalt의 침입도 시험이란 Asphalt의 입도를 알

아보기 위해 침을 이용하여 측정하는 시험

⇒ 침은 KS 규정에 명시된 대로 규정에 준수하

여 시험을 해야 함

Ⅱ. 침입도 시험방법

| 번호 | | |

```
┌─────────────┐
│  시료채취   │    아스팔트 시료준비
└─────────────┘
       ↓
┌─────────────┐
│ 침으로 침도측정 │   침을 이동하며 침도측정
└─────────────┘
       ↓
┌─────────────┐
│  결과계산   │    규정에 따라 결과계산
└─────────────┘
```

Ⅲ. 침입도 시험 적용

1) 방수공사

① Asphalt 공사시 침입도시험 결과 적용

Ⅳ 침입도 시험시 주의사항

1) Asphalt Sample 채취

① Sample 채취는 Random 하게 채취

② 한곳 보다는 여러곳에서 채취

2) 결과기록, 보관

① 결과는 사진과 함께 기록하여 보관 철저

3) 감리관리

① 감리원의 관리하에 모든 절차 진행

끝

문제 8) 유·무기질계 하이브리드 코팅제

답)

I. 정의

1) 유·무기질계 하이브리드 코팅제란 도료의 일종으로 상도 마감후 최종적으로 바르는 도장재

2) 수성, 유성에 모두 사용가능한 하이브리드임

II. 도장작업조건

구분	기준	비고
온도	4°C~40°C	4°C미만중지
풍속	5m/sec 이하	5m/sec이상중지
습도	75%±5%	85% 이상중지

III. 유·무기질계 하이브리드 코팅제의 특징

1) 광택유지

① 최종 마감재로 광택을 유지하여야 함

2) 얼룩에 강함

① 코팅제 바른후 이물질의 부착이나 오염, 얼룩 등이 발생되지 않음

IV. 유·무기질계 하이브리드 코팅제 사용시 주의 사항

1) 규정 배합 준수

① 제품에 명시된 작업절차 준수

끝

번문제9) TMCP 강

답)

I. 정의

가공열처리, 열가공제어
저탄소당량으로 용접성이 떨어지는데

1) TMCP 강이란 강재의 용접에 대한 응력, 상실에 대해
   보강한 강재로써 굽냅과정을 거쳐 성능을 향상시킨 강재

2) TMCP 강은 고강도강으로 초균층에 사용가능

II. 강재용접시 결함 두께가 증가하더라도 항복강도차이 없음

III. TMCP 강의 특징

1) 특수 열처리   용접부위 열영향 감소
   ① 굽냅의 특수 열처리과정을 거쳐 용접으로
      인한 결함에 강성을 가짐

2) 고강도강
   ① 고강도강으로서 구조재로 사용 가능

3) 고력 BOLT 접합 가능

① 고력 BoLt 접합가능

끝

문제(10) 내화재료와 방화재료

답)

I. 정의

고온의 열에 견딜 수 있는 재료

1) 내화재료란 화재에 약한 재료를 보호하기 위해 여러 종류의 재료(분연)를 합성하여 만든 재료

2) 방화재료란 재료 자체로 화재에 대응이 가능한 재료

II. 내화재료와 방화재료 비교

일정구역에서 일정시간동안 화재열에 견디는 건축재료 (불연, 준불연, 난연)

구분	내화재료	방화재료
의의	재료보호목적	재료자체방화
작업성	현장작업	공장작업
재료	내화피복재	방화문
	질산 plaster	방화빗트

III. 내화재료의 특징

1) 재료 비교

← 내화 뿜칠재

← 질산 plaster판

철골

철골

내화피복

Ⅳ 방화재료의 특징 불연, 준불연, 난연

   1) 방화재료 자체가 방화성능

      ① 방화문, 방화보드등 자체 방화성능가짐

                                     끝

문제11) 골재의 함수상태와 그에 따른 수량관계

답)

Ⅰ. 정의

   1) 골재는 절건상태, 기건상태, 표면건조상태, 습윤상

      태로 나뉘며 각각의 수량이 차이가 있음

   2) 함수비, 함수량등을 파악하여 내구성 향상

Ⅱ. 골재의 함수상태

절건상태　기건상태　표면건상태　습윤상태

◯　◉　◓　◒

$$① 표면수량 = 함수량 - 흡수량$$

$$② 흡수율 = \frac{흡수량}{절건상태 골재중량} \times 100$$

$$③ 유효흡수율 = \frac{유효흡수량}{기건상태 골재중량} \times 100$$

Ⅲ. 함수상태와 그에 따른 수량관계

1) 유효흡수량
- ① 유효흡수량은 기건상태의 골재와 표건상태의 골재의 흡수량

2) 표면수량
- ① 표면수량은 표건상태, 습윤상태의 골재의 수량
- ② 표면수량은 함수량에서 흡수량을 배면 됨

3) 흡수량
- ① 흡수량은 절건상태에서 표건상태까지의 수량

4) 함수량
- ① 함수량이란 골재의 흡수량 + 표면수량

끝

문제 6) 콘크리트의 염화물 함유량 시험

답)

Ⅰ. 정의

1) 콘크리트의 염화물 함유량 시험은 레미콘의 규정 시험으로 질산은 용액을 이용하여 시료를 측정하여 염화물 반응으로 함유량을 알아보는 시험

2) 0.3kg/㎥ 이하일 경우 합격

Ⅱ. 재료의 염화물 함유량

번호		구분	기준	비고
		골재	중량의 0.02% 이하	
		콘크리트	0.3kg/m³ 이하	
		물	0.4kg/m³ 이하	

Ⅲ. 염화물 함유량 시험 방법

```
┌──────────┐
│  시료채취  │  Concrete 시료채취
└──────────┘
     ↓
┌──────────┐
│ 염화물체크 │  질산은용액에 당량
└──────────┘
     ↓
┌──────────┐
│  결과확인  │  0.3kg/m³ 이하 합격
└──────────┘
```

Ⅳ. 시험시 주의사항

1) 레미콘 타설 전 시행

　① 레미콘 타설전 시행하여 불량시 회차조치

2) 공기량시험과 연계

guage → 　← 공기량시험기
공기압실 = 초압력까지 가압
clamp → 　← concrete

3) Slump 시험과 연계

100
300 mm
Slump 값
200mm

끝

문제(3) 순환골재 콘크리트

답)

I. 정의

1) 순환골재란 폐콘크리트를 잘게 부수어 재활용할수
   있도록 한 골재중 KS규정에 맞는 규격을 갖춘 골재
   로써 고강도 Concrete에는 사용불가

2) 18MPa 이하의 바구조물 Concrete에 사용

II. Concrete 내구성 저하원인

균열 H_2O, CO_2 Watergain

Laitance

Bleeding

철근부식
(2.5배팽창)
골성화

수화반응(유해)
(영해)

수분내감(유해)   popout   골재내감 (AAR)

수화 $CaO + H_2O \rightarrow Ca(OH)_2 + 125 cal/g$

중성화 $Ca(OH)_2 + CO_2 \rightarrow CaCO_3 + H_2O$

수분침투 → 철근부식, → 철근팽창 → 균열

III. 순환골재 콘크리트의 특징

1) 단위수량 증가

   ① 배합시 단위수량이 증가하여 초기강도
      저하

2) 초기강도저하

   ① 초기강도 발현이 늦고 장기강도 약함

Ⅳ 순환골재 콘크리트 시공시 주의사항

  1) 18MPa 이하 사용

    ① 구조체 보다는 버림콘크리트 사용

  2) 물 결합재비 규정

구분	기준	비고
보통콘크리트	40~70%	
경량콘크리트	45~60%	
순환골재콘크리트	55% 이하	

  3) slump 규정

구분	일반적	단면큰경우
철근콘크리트	80~150mm	60~120mm
무근콘크리트	50~150mm	50~100mm

끝

— 이 하 여 백 —

② 2교시

국가기술자격 기술사 시험문제

기술사 　제 93 회　　　　　　　　　　　　　제 2 교시 （시험시간: 100분）

분야	건축	자격종목	건축품질시험기술사	수험번호		성명	

※ 다음 문제 중 4문제를 선택하여 설명하시오. （각25점）

1. 굳지 않은 콘크리트에서 압축강도에 영향을 주는 요인을 설명하시오. ○

2. 지내력 시험방법과 허용지내력 산정기준을 설명하시오. ○ 까술앉가.

3. 목질계 복합재료의 종류별 특성을 설명하시오. MDF. 합판.

4. 지하연속벽에 사용되는 안정액의 품질관리기준을 설명하시오.
   v

5. 품질관리에 사용되는 7가지 도구에 대해 설명하시오. ○

6. 건축물 내부마감재료의 난연성능기준을 설명하시오.

1 - 1

[번문제)] 굳지 않은 콘크리트에서 압축강도에 영향을 주는 요인

답)

I. 개요

① 굳지않은 콘크리트에서 압축강도에 영향을 주는 요인
은 재료적, 배합적, 시공적 측면이 다름

→ 압축강도를 증대시켜 내구성 확보

II. Concrete 의 내구성 저하 원인

$$CaO + H_2O \rightarrow Ca(OH)_2 + 125cal/g \quad \text{·수화}$$
$$Ca(OH)_2 + CO_2 \rightarrow CaCO_3 + H_2O \quad \text{·중성화}$$

수분침투 → 철근부식 → 철근팽창 → 균열

III. Concrete 압축강도에 영향주는 요인

1. 재료적 측면

① AE제, 감수제등 혼화제 사용

2) Gmax (굵은 골재 최대 치수)

구분	골재 mm	해석 mm
철근콘크리트	20.25	20
무근콘크리트	20,25,40	20,25,40

3) 혼합수

① 청정수 사용 (수돗물)

② 염화물 함유량 0.04Kg/m³ 이하사용

2. 배합적 측면

1) 배합강도 고려 (fcr)

구분	계산식
fcr ≤ 35MPa	fck + 1.34s (fck - 3.5) + 2.33s
fcr > 35MPa	fck + 1.34s 0.9 fck + 2.33s

fck는 설계기준강도, s는 압축강도 표준편차

2) 물결합재비 작게

구분	기준	비고
보통콘크리트	40~70%	W/B =
경량콘크리트	45~60%	51
고강도콘크리트	55% 이하	f소/k + 0.31

3) slump 값 작게

① slump 값은 150mm 이하

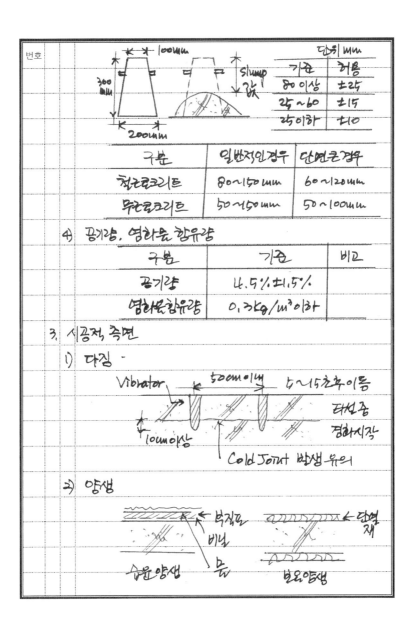

번호				

단위 mm

기준	허용
80 이상	±25
25~60	±15
25 이하	±10

구분	일반적인경우	단면큰경우
철근콘크리트	80~150mm	60~120mm
무근콘크리트	50~150mm	50~100mm

④ 공기량, 염화물 함유량

구분	기준	비고
공기량	4.5%±1.5%	
염화물함유량	0.3kg/m³이하	

3. 시공적 측면

1) 다짐

Vibrator   500mm이내   5~15초후 이동

타설 중
경화시작

10cm이상

Cold Joint 발생 유의

2) 양생

부직포
비닐
물

수분양생

단열재

보온양생

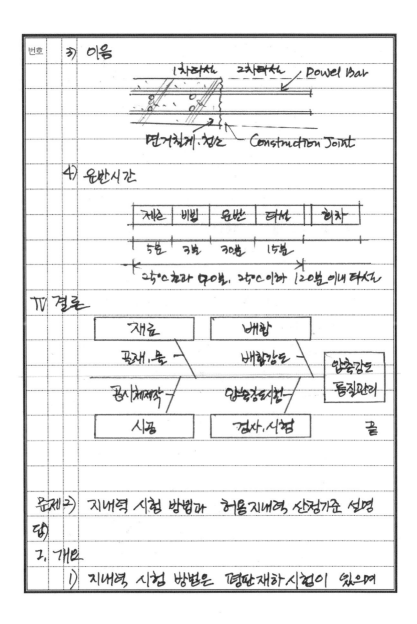

| 번호 | 3) 이음 |

1차타설   2차타설   Dowel bar

면거치개.청소   Construction Joint

4) 운반시간

제조	비빔	운반	타설	회차

5분   3분   30분   15분

25℃ 초과 90분, 25℃ 이하 120분 이내 타설

Ⅳ 결론

재료	배합

골재.물   배합강도   압축강도
                                    품질관리

공사체제작   압축강도시험

| 시공 | 검사.시험 | 끝

문제2) 지내력 시험 방법과 허용지내력 산정기준 설명

답)

Ⅰ. 개요

1) 지내력 시험 방법은 평판재하시험이 있으며

번호	

평판 크기는 ϕ300, 400, 750mm 이 있음

  ⑶ 반드시 예정 기초 저면에서 시행

Ⅱ. 평판재하시험 도해

Dial guage   ← 굴삭기

재하판 →   예정기초저면

       유압펌프, 잭,

Ⅲ. 평판재하 시험 방법

지반정리
→ 재하판 설치

재하판 설치	→	ϕ400mm을 주로사용

↓

0.35Kg/㎠ 가압	0.35Kg/㎡/sec 가압

↓

침하없을시 중단	침하움직임 없을경우 중단

Ⅳ. 허용지내력 산정기준   하중 침하량 곡선

 1) 단기 허용 지내력 $K = \dfrac{\text{시험하중}}{\text{침하량}}$

   ① 침하량 2cm 도달시의 지내력

 2) 장기 허용 지내력   항복하중 $\frac{1}{2}$ 파괴하중 $\frac{1}{3}$ 작은 값

    ① 단기허용 지내력 × $\frac{1}{2}$ = 장기허용지내력

Ⅴ. 평판재하 시험의 특징   └→ 장기허용×2=단기

 1) Scale Effect 고려

   ① Scale 에 따른 측정 값이 고려

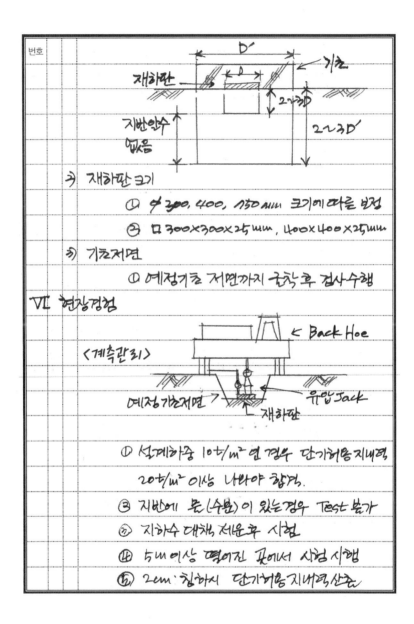

→ 재하판 크기

    ① φ 300, 400, 750 mm 크기에 따른 보정

    ② □ 300x300x25 mm, 400x400x25 mm

ᄎ) 기초저면

    ① 예정기초 저면까지 굴착 후 검사수행

Ⅵ 현장경험

〈계측관리〉

    ① 설계하중 10t/m² 연 경우 단기허용지내력

    20t/m² 이상 나타나야 합격.

    ③ 지반에 문(수문)이 있는경우 Test 불가

    ② 지하수 대책, 저운후 시험

    ④ 5m 이상 떨어진 곳에서 시험 시행

    ⑤ 2cm 침하시 단기허용지내력 산출

Ⅶ. 결론

평판크기		단기허용
Φ400mm		2cm 도달

지내력 시험

단기허용×1/3		감리원입회
장기허용		검사. 시험

끝

문제5) 품질관리에 사용되는 7가지 도구에 대하여 설명

답)

Ⅰ. 개요

1) 품질관리에 사용되는 7가지 도구는 특성요인도, 파레토도, 히스토그램, 산포도, 층별.관리, 체크시트, 관리도 등이 있음

2) 문제에 대한 대책수립시 특성요인도, 파레토도 사용

Ⅱ. 품질관리자 배치 가준

구분	적용대상	시험실규모	배치가준
특급	1000억이상, 50,000m²이상	50m²	특급1.중급2
고급	500억이상, 30,000m²이상	50m²	고급1.중급2
중급	100억이상 5,000m²이상	20m²	중급1.초급1
초급	5억이상 660m²이상	20m²	초급1

Ⅲ. 7가지 도구

1) 관리도

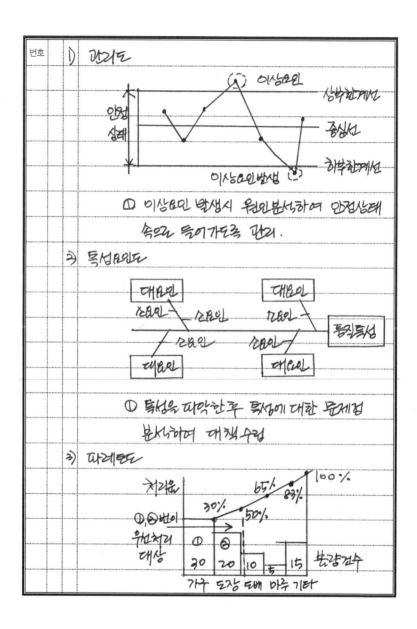

① 이상요인 발생시 원인분석하여 안정상태
   속으로 들어가도록 관리.

2) 특성요인도

① 특성을 파악한후 특성에 대한 문제점
   분석하여 대책수립

3) 파레토도

번호	

① 우선 처리 대상 선정시 활용 가능

4) 히스토그램

① Data를 막대그래프로 나타내어 어떤 형태를 보이는지 파악한 후 원인 분석

낙진형   어깨진형   절벽형

5) 층별관리

① 집단별, 인자별로 구분하여 원인파악

구분	집단
성별	(남성) 여성
나이	10대 20대 (30대) 40대
위치	본사, (현장)
계절	봄 여름 가을 (겨울)

ex) 하자발생 → 30대남성, 겨울에 현장에서
→ 대책수립 = 교육실시

6) Check Sheet

① 파악하고자 하는 Data 를 Sheet 에
기입 후 직접 확인
ex) 병원, 마트의 화장실 점검

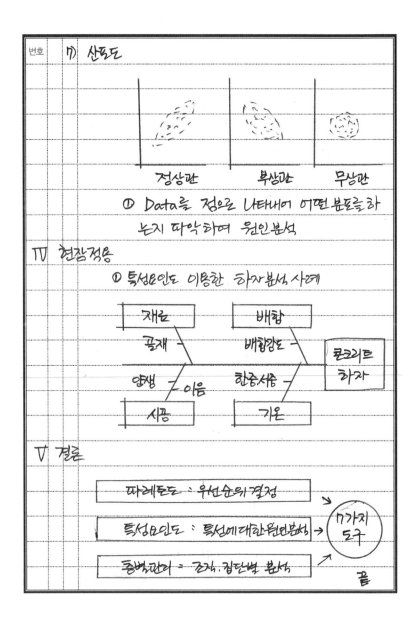

| 번호 | 7) 산포도 |

정상관 　 부상관 　 무상관

① Data를 점으로 나타내어 어떤 분포를 하는지 파악하며 원인분석

Ⅳ 현장적용

① 특성요인도 이용한 하자분석 사례

재료 　　　 배합

골재 　　　 배합강도

양생 ─ 이음 　 한중서술

시공 　　　 기온

콘크리트 하자

Ⅴ 결론

파레토도 : 우선순위 결정

특성요인도 : 특성에 대한 원인분석

통별관리 : 군간, 집단별 분석

7가지 도구

끝

172 기술사 3관왕이 알려주는 기술사 한번에 합격하기

문제(6) 건축물 내부 마감 재료의 난연 성능 기준을 설명하시오

답)

I. 개요

　1) 난연 성능이란 화재 초기에 화재의 확대를 방지하기
　　위해 불이 타기 어려운 재료로 마감하는 방법

　2) 마감재료별 난연성능이 다름

II. 목재의 연소

III. 난연 성능 기준

　1) 초기 화재 대응　불에 타지 않는 성능을 가진 재료

　　① 초기 2시간 동안 화재 확대 방지

　2) 난연재료별 성능기준　　　유해가스, 연기 X

　　① 미장　　　　　　　　균열, 변형 X

　　※ : 초기 2시간 확대방지 기준

　　　　ˇ 바름두께 난연합판, 난연플라스틱판

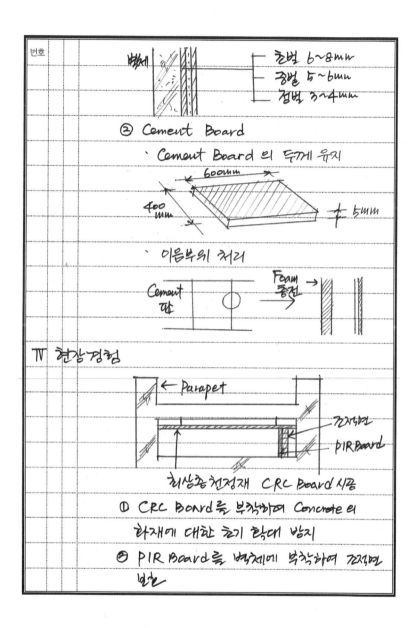

번호			

벽체 ⎯ 후벌 6~8mm
⎯ 중벌 5~6mm
⎯ 정벌 3~4mm

③ Cement Board

· Cement Board 의 두께 유지

600mm

400mm

5mm

· 이음부위 처리

Cement 판

Foam 충전 →

Ⅳ 현장경험

← Parapet

끄적면

PIR Board

최상층 천정재 CRC Board 시공

① CRC Board를 부착하여 Concrete 의 화재에 대한 초기 화대 방지

② PIR Board를 벽체에 부착하여 끄적면 방한

미장	Cement Board

조적면보호 ─   초고정재 ─

난연재료
성능기준

미장면보호 ─   초고재 ─

PIR Board	CRC Board

끝

― 이 하 여 백, ―

국가기술자격 기술사 시험문제

기술사   제 93 회   제 3 교시 (시험시간: 100분)

분야	건축	자격종목	건축품질시험기술사	수험번호	1000081기	성명	이명범

※ 다음 문제 중 4문제를 선택하여 설명하시오. (각25점)

1. 흙막이 공사의 계측관리에 대하여 설명하시오. ☐

2. 목재의 강도에 영향을 주는 요소에 대하여 설명하시오. ☐

3. 철골공사에서 용접결함의 검사방법에 대하여 설명하시오. ☐

4. 콘크리트 충전강관(Concrete Filled Tube) 기둥의 특성 및 콘크리트 타설시 유의
   사항에 대하여 설명하시오.

5. 옥상녹화용 방수재료의 종류와 요구성능에 대하여 설명하시오.

6. 공동주택의 바닥충격음 저감대책에 대하여 설명하시오. ☐

1 - 1

문제1) 흙막이 공사의 계측관리에 대하여 설명하시오

답)

I. 개요

1) 계측관리란 흙막이 벽의 안정성을 확보하기 위해 지하상태를 주기적으로 점검하는 정밀화 시공

2) 계측관리를 철저히 하며 공사의 품질 향상

II. 계측관리의 도해

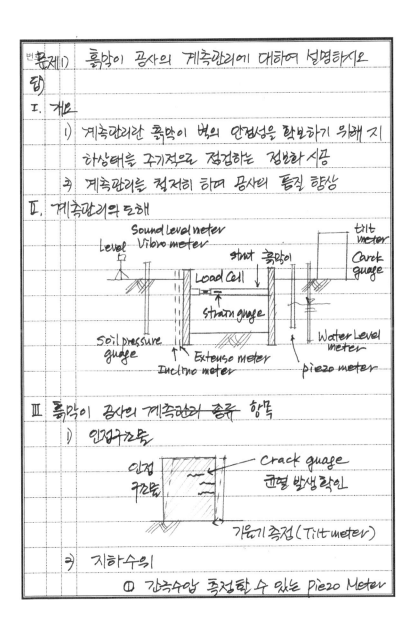

III. 흙막이 공사의 계측관리 ~~종류~~ 항목

1) 인접구조물

Crack guage
균열 발생 확인

기울기 측정 (Tilt meter)

2) 지하수위

① 간극수압 측정할 수 있는 Piezo Meter

번호	

간극수압측정   지하수위 측정

(Water Level Meter)

(Piezo Meter)   지하수위

3) 흙막이 배면

← 흙막이

Inclino Meter

Extenso Meter →

4) Strut

(Strain guage)

하중측정   변형률 측정   ← Strut

(Load Cell)

5) 공사장 주변

Level   소음측정 (Sound Level meter)

(지반침하측정)   진동측정 (Vibro Meter)

6) 지중

지표면   토압측정   ← 흙막이 벽

(Soil Pressure Level)

Ⅳ 계측관리시 주의사항

  1) 기후 영향

    ① 일기가 궂을때는 측정을 원칙적으로 안함

    ② 기후의 영향으로 정확한 Data 불가

  2) 점검자 지정

    ① 보는 사람에 따라 달라지므로 점검자 지정

  3) 계측기 관리

    난순캡

    열의장치

    흙막이

    계측기보호

Ⅴ 현장점검

Inclino Meter

(배면확인)

Earth Anchor

← H-pile + 토류벽 흙막이

← H-pile

    ① Inclino Meter 수시 확인

    ② 지하수위측 위한 Piezo Meter, Water Level meter 일일점검후 보고서 작성

    ③ 주간보고, 일일보고, 월간보고서 점검

Ⅶ. 결론

Piezo Meter		인접구조물		
	지하수위		Crack gauge	계측
Inclino Meter			Vibro Meter	관리
Extenso Meter				
흙막이 배면		현장주변		끝

문제 2) 목재의 강도에 영향을 주는 인소에 대하여 설명하시오

답)

Ⅰ. 정의

1) 목재는 현장에서 많이 사용하는 마감재료로서 연소
   에 취약하므로 방화처리를 잘 해야 함

2) 강도에 영향을 주는 인소는 함수율, 건조상태등이 있음

Ⅱ. 목재의 함수 상태

목재의 함수량

$$목재의~함수율 = \frac{목재의~함수량}{전건상태의~중량} \times 100$$

Ⅷ 목재의 강도에 영향을 주는 요소

1) 목재의 건조상태

구분	자연건조	인공건조
장소	넓은장소	좁은장소
시간	오래걸림	짧게걸림
비용	저가	고가
결함	없음	뒤틀림.갈음

2) 목재 함수량

3) 목재의 방부상태

구분	내용
침지법	질산암모늄 용액에 침지
도포법	방부제를 목재에 도포
주입법	방부제를 목재에 주입
표면탄화법	표면을 태워 방부시킴
생리주입법	생재의 뿌리에 방부제 주입

4) 섬유포화점 확인

① 목재 함수율 30% 지점에서 강도 최고

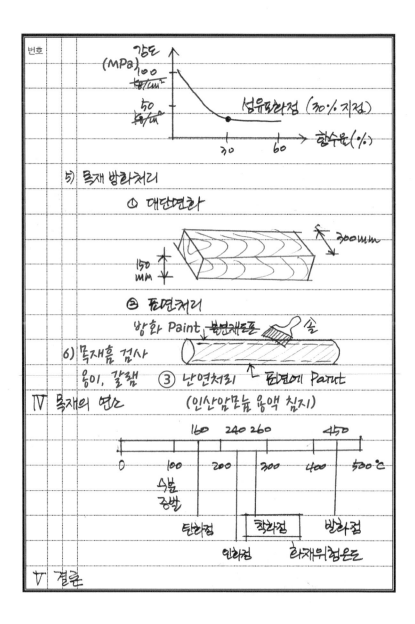

번호

5) 목재 방화처리

① 대단면화

150 mm

300mm

② 표면처리

방화 Paint → 불연재도포 솔

6) 목재흠 검사

옹이, 갈램   ③ 난연처리 → 표면에 Paint

Ⅳ 목재의 연소   (인산암모늄 용액 침지)

160 240 260   450

0   100   200   300   400   500℃

수분
증발

탄화점   착화점   방화점

인화점   화재위험온도

Ⅴ 결론

번호			

성유포화점		함수량

함수량 30% 지점

목재의 함수량

목재
강도
영향

자연건조. 인공건조

기록. 따위

건조상태		검사. 시험

끝

문제3) 철골공사에서 용접결함의 검사방법에 대하여 설명

답)

Ⅰ. 개요

1) 용접 결함시 검사방법에는 비파괴 검사가 있으며 비파괴 검사는 RT. UT. PT. MT 등이 있음

→ 비파괴 검사 실시로 철골의 강도 증진

Ⅱ. 용접 결함의 종류

Pit   Crater

Overlap →   Crack   Under Cut

Lamella
Tearing   Fisheye

용입부족   Blow Hole

Overhung   Slag 감싸들기

(Butt Weld)

보강살부족

각장부족

Lamellar
Tearing →   Fillet Weld

용접 결함 검사방법

1. 육안 검사

   ① 육안으로 용접부위 결함 여부 확인

2. 비파괴 검사

   1) 방사선 투과법

   용접부위 / 방사선 카메라 / 모재

   ① Film에 투과된 방사선 이용 결함 확인

   2) 초음속 투파법

   파탐상 / 음 / 모니터   ① 용접부위에

   초음속규 투과기 Ultra Sonic 을

   탐상시켜 원인,결

   자기분말 탐상 ↑용접부위   함 파악

   3) Magnetic Test

   ① 자기분말을 용접   자기장

   부위에 침투시켜   외터

   구멍 등의 결함 파악   용접부위

   4) Penetration Test

   침투 탐상   용액,도료 (Red색.)

   용접부위

   모재

① Red 용액도포 → 세척 → White 용액 침투

② 색변화로 결함파악

Ⅳ 용접결함 방지대책

1) Scallop 설치

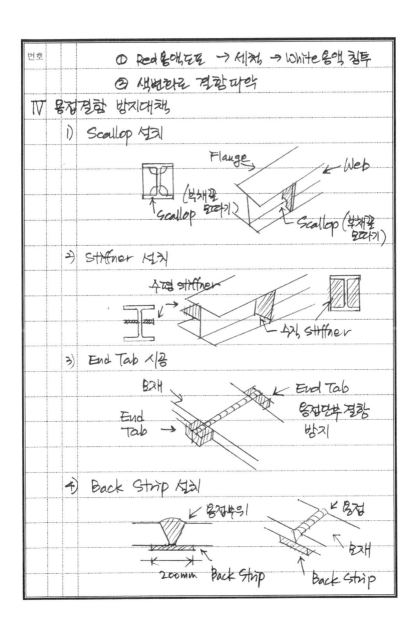

Flange   Web

(부재끝 모따기) Scallop

Scallop (부재끝 모따기)

2) Stiffner 설치

수평 stiffner

수직 stiffner

3) End Tab 시공

모재   End Tab

End Tab →

용접단부 결함 방지

4) Back Strip 설치

← 용접부위

← 용접

← 모재

200mm Back Strip

Back Strip

Ⅳ. 결론

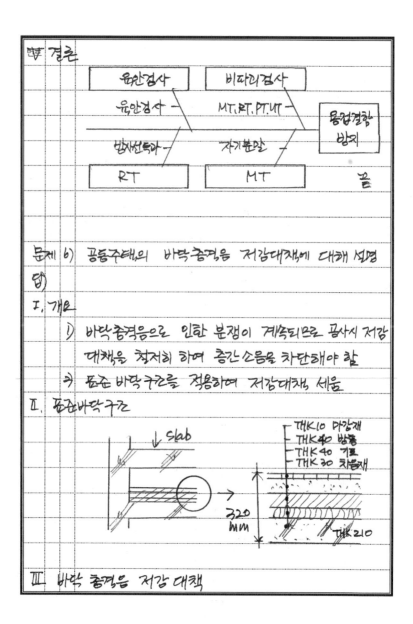

```
┌──────────────┐   ┌──────────────┐
│   육안검사    │   │  비파괴검사   │
└──────────────┘   └──────────────┘
   육안검사 ┐        MT,RT,PT,UT ┐        ┌──────────┐
          │                    │        │ 용접결함 │
   ─────────────────────────────        │  방지    │
   방사선투과 ┘       자기분말 ┘          └──────────┘
┌──────────────┐   ┌──────────────┐
│     RT       │   │     MT       │              끝
└──────────────┘   └──────────────┘
```

문제 6) 공동주택의 바닥충격음 저감대책에 대해 설명

답)

Ⅰ. 개요

1) 바닥충격음으로 인한 분쟁이 계속되므로 공사시 저감
   대책을 철저히 하여 충간소음을 차단해야 할

2) 표준 바닥구조를 적용하여 저감대책 세움

Ⅱ. 표준바닥구조

↓ Slab

─ THK10 마감재
─ THK40 방통
─ THK40 기포
─ THK30 차음재

320 MM

THK210

Ⅲ. 바닥 충격음 저감 대책

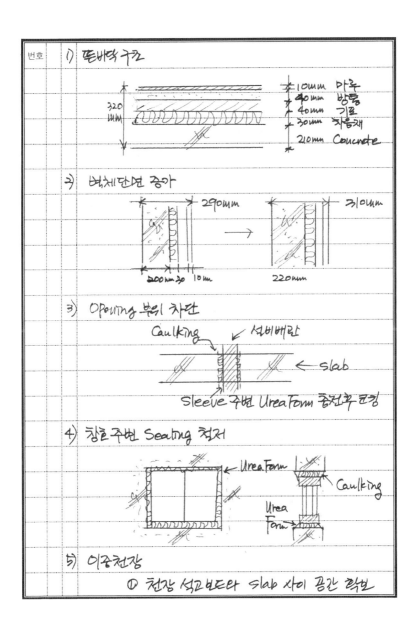

번호

1) 뜬바닥 구조

320 mm

10mm 마루
40mm 방통
40mm 기포
30mm 차음재
210mm Concrete

2) 벽체단면 증가

290mm → 310mm

200mm 30 10mm   220mm

3) Opening 부위 차단

Caulking   설비배관

← slab

Sleeve 주변 UreaForm 충전후 코킹

4) 창호 주변 Sealing 철저

UreaForm
Caulking

Urea Form

5) 이중천장

① 천장 석고보드와 slab 사이 공간 확보

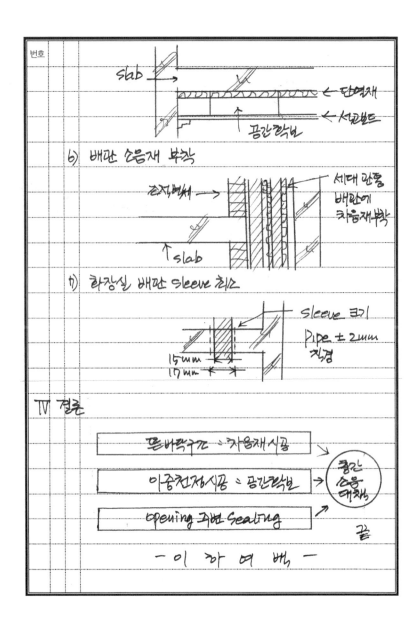

번호

slab → ← 단열재

← 석고보드

↑ 공간락빈

6) 배관 숨음재 부착

콘지배서 → 세대 관통 배관에 차음재부착

↑ slab

7) 화장실, 배관 Sleeve 최소

Sleeve 크기

Pipe ± 2mm 직경

15mm

17mm

Ⅳ 결론

| 몸바락구간 = 차음재 시공 → |
| 이중천장시공 = 공간락빈 → | 층간 소음 대책 |
| Opening 주변 Sealing → |

끝

― 이 하 여 백, ―

④ 4교시

국가기술자격 기술사 시험문제

기술사   제 93 회   제 4 교시 (시험시간: 100분)

분야	건축	자격종목	건축품질시험기술사	수험번호	10000807	성명	이박수

※ 다음 문제 중 4문제를 선택하여 설명하시오. (각25점)

1. 금속의 부식 발생기구(Mechanism)와 그 방지대책에 대하여 설명하시오.
   2 — — — Fe — 염시대책 Fe++ →

2. 건축물 철거 시 발생되는 폐석면의 처리에 있어서 단계별 고려사항을 설명하시오.

3. 유리에서 발생하는 열파손의 특징과 방지대책에 대하여 설명하시오. ○

4. 해양환경에 노출된 콘크리트에 요구되는 성능 및 염해대책에 대하여 설명하시오. ○

5. 도장공사의 결함종류와 그 방지대책에 대하여 설명하시오.

6. 레미콘 회수수의 재활용 및 품질관리 방안에 대하여 설명하시오. ○

11:04
11:30
11:55
12:20
12:45

1 - 1

문제3) 유리에서 발생하는 열파손의 특징과 방지대책 설명

답)

I. 개요

1) 유리의 열파손은 열에 의한 파손을 말하며 열파손이
   안되도록 유리제품 및 설치를 철저히 하여야 함

   → 유리 열파손의 원인을 파악하여 대책을 수립해야함

II. 유리의 투과율

반사음에너지(R)

입사음에너지 (I)   흡수음 에너지 (A)   투과음 에너지(T)

- 투과율 $= \dfrac{투과음에너지}{입사음에너지} = \dfrac{T}{I}$

III. 유리 열파손의 특징

1) 제품 자체의 결함, 내력 부족

유리   흠집   모서리 깨나감

   ① 유리 제품 자체의
      결함

   ② 흠집, 모서리 깨나감
      등으로 발생

   → 태양열의 집중 복사열

      ① 태양열이 유리면을 집중적으로 비춰서
         유리의 열파손 발생

번호

3) 내부 복사열과 외부의 온도차

    ① 내부난방 등으로
       발생한 복사열과
       외부 한냉기온의
       차이로 인한 파손

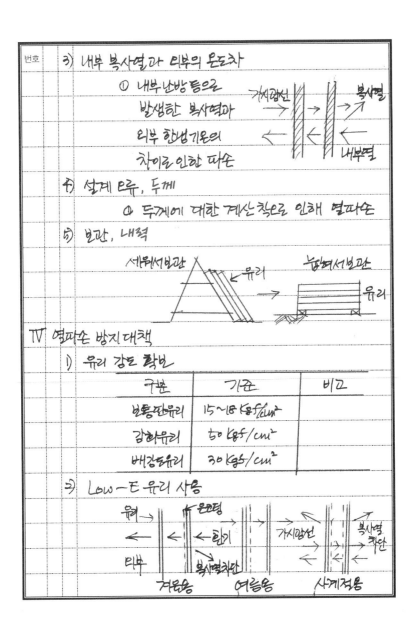

4) 설계오류, 두께

    ① 두께에 대한 계산착오로 인해 열파손

5) 보관, 내력

Ⅳ 열파손 방지대책

1) 유리 강도 확보

구분	기준	비고
보통판유리	15~18 Kgf/cm²	
강화유리	50 Kgf/cm²	
배강도유리	30 Kgf/cm²	

2) Low-E 유리 사용

번호	

3) 코팅·착색 금지

　　① 유리에 코팅이나(Film) 착색등 이질재료 부착금지

4) 재료 보관 및 운반 고려

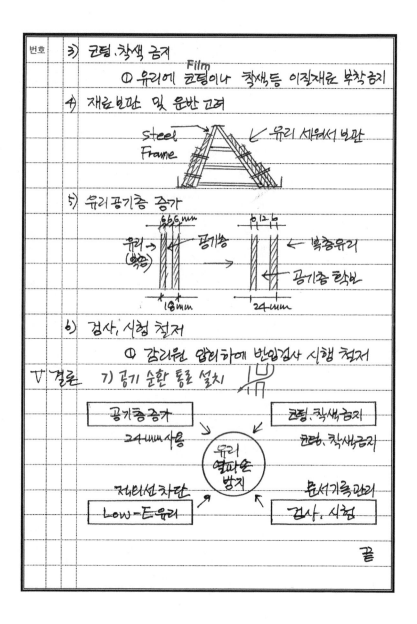

Steel Frame

← 유리 세워서 보관

5) 유리 공기층 증가

유리→(복층)　←6.6mm　평가층　　→　　0.26　←복층유리

공기층 확보

18mm　　24mm

6) 검사, 시험 철저

　　① 감리원 입회하에 반입검사 시행 철저

Ⅳ 결론　　7) 공기 순환 통로 설치

공기층 증가	코팅·착색 금지
24mm 사용	코팅·착색금지

유리
열파손
방지

적외선 차단	문서기록·관리
Low-E 유리	검사, 시험

끝

번론제 4) 해양 환경에 노출된 콘크리트에 요구되는 성능 및
염해대책에 대하여 설명하시오

답)

I. 개요

1) 염해는 철근의 부동태 막을 파괴시켜 철근의 부식
을 유발하고 철근팽창으로 균열을 발생시킴

2) 균열로 인해 내구성이 저하되므로 염해 차단

II. 내구성 저하 원인

균열 H_2O, CO_2

Watergarn

Bleeding

Laitance

부동태막파괴
(염해)

철근부식(중성화)
철근 2.6배팽창

분말팽창(동해)   Pop out   골재팽창(AAR)

| 수화 | $CaO + H_2O \rightarrow Ca(OH)_2 + 125 cal/g$ |
| 중성화 | $Ca(OH)_2 + CO_2 \rightarrow CaCO_3 + H_2O$ |

H_2O 침투 → 철근부식 → 철근팽창 → 균열

III. 해양 환경 노출 콘크리트 요구 성능

1) 물결합재비

구분	기준	비고
보통콘크리트	40~70%	W/B =
경량콘크리트	45~60%	51
해양콘크리트	50% 이하	52%/K+0.31

번호 | ㅋ) 내화학성

① 화학적 침식에 대한 저항성

ㅋ) 내염해성

④ 내동해성

① ~2.6℃ 이하에서 동해 발생하므로 동해

방지 혼화제 사용.

Ⅳ. 해양 환경 노출 콘크리트 염해 대책.

1. ~~배합~~ 재료적 측면

1) 혼화제 사용

① AE제, 감수제   ② 방청제

정전기반응 (분산작용)   Ball Bearing 효과

2) 방청제 혼합   3) 염분 함유량

2. 배합적 측면

1) Slump 적게 배합

구분	일반적인 경우	단면큰경우
철근콘크리트	80~150mm	60~120mm
무근콘크리트	50~150mm	50~100mm

2) 단위수량 적게 배합

① 단위수량은 적게 배합하여 강도 향상

3) 배합강도 고려

구분	계산식
$f_{cr} \leq 35MPa$	$f_{ck} + 1.34S$ $(f_{ck} - 3.5) + 2.33S$
$f_{cr} \geq 35MPa$	$f_{ck} + 1.34S$ $0.9f_{ck} + 2.33S$

f_{ck} 설계기준강도, S : 압축강도 표준편차

3. 시공적 측면   1) 철근방청

1) 다짐철저

Vibrator   500cm 이내   5~15초후 이동

타설

경화시작

10cm 이상   Cold Joint 발생유의

2) 검사, 시험 철저

① 감리원 입회하에 검사·시험 시행

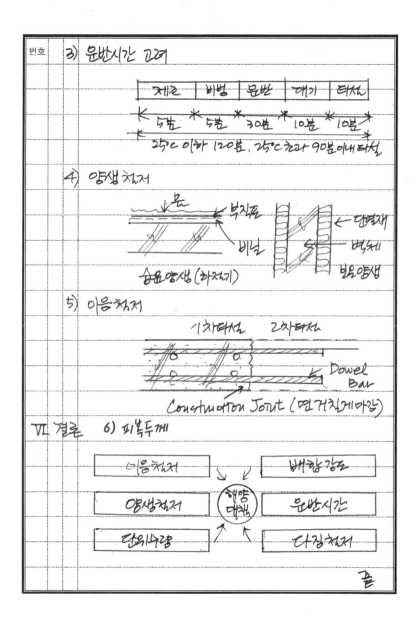

번호 3) 운반시간 고려

제조	비빔	운반	대기	타설

5분 * 5분 * 30분 * 10분 * 10분

25°C 이하 120분, 25°C 초과 90분 이내 타설

4) 양생 철저

← 물
부직포
비닐
← 단열재
벽체

습윤양생 (과적기)   보온양생

5) 이음 철저

1차타설   2차타설

Dowel Bar

Construction Joint (면 거칠게 마감)

Ⅶ 결론   6) 피복두께

| 이음철저 | → ← | 배합강도 |

양생철저   해양대책   운반시간

단위수량   다짐철저

끝

[문제 5] 도장공사의 결함 종류와 그 방지대책에 대해 설명

답)

I. 개요

　1) 도장공사의 결함에는 박리. 얼룩. 흘러내림. 오염
　　균열. 갈라짐. 들뜸. 변질 등이 있음

　2) 결함에 대한 대책을 수립하여 철저시공

II. ~~도장~~ 도료의 종류

구분	특징	비고
수성페인트	외부벽체용, 내알칼리, 무광택	
유성페인트	내벽바닥. 특성바닥. 내마모성	
바니시	광택,마감재, 비내후성	
래커	표면보호기능, 뿜칠시공	실리콘
합성수지도료	수지도료, 도막견고 떼녹.방음 방화성, 투광성	

III. 도장공사의 결함

　1) 균열. 갈라짐

　　균열
　　박생
　　갈라짐

　　① 벽면에 주로
　　　발생

　　② 광범위하게 발생

　2) 박리

　　① 표면부착불량
　　　으로 도막이
　　　번기져 떨어짐

　　Primer　벽체
　　박리현상

번호		

3) 흘러내림

① 도장공 숙련도 부족
으로 페인트 흘러
내림 발생

4) 들뜸

EPOXY 페인트 → 이물질 (먼지
모래등)

primer →

주차장 바닥

5) 얼룩

① Paint 내부 표면처리 미흡으로 얼룩 발생

IV 결함의 방지대책

1) 표면처리 철저

구분	내용
목재면	평활도 확보, 건조
콘크리트면	균열부위 보수 보강
금속면	이물질, 기름등 제거

2) 공법 선정

구분	내용	비고
솔칠	소규모 내부도장	
Roller칠	급속도도장시 사용	
Spray	대규모 벽면	바람주의

3) 검사철저

번호		

① 도장 전, 중·후 감리원 입회하에 검사

② 검측요청서, 사진등 문서 기록, 보관

4) 외부 환경 (작업조건)

구분	기준	비고
온도	5~40°C	4°C 이하중지
습도	85% 이하	
풍속	5m/sec 이하	

5) 도료선정

Epoxy Coating
Epoxy Primer
주차장바닥

6) 작업절차 준수

표면처리 → 프라이머 도포
↓
중도도포 ← 하도도포
↓
상도(Top coat) → 검사, 시험

7) 도료 혼합시 배합비 준수

① 도료 혼합시에는 배합비를 준수해야함

8) Manual 숙지

① 제조사 Manual 숙지후 작업 실시

9) 양생 ② 근로자 교육 실시

Ⅳ. 결론

작업환경	작업절차

기온·습도 — 상→중→하

Manual — 물재면 — 금속면

| 배합비준수 | 표면처리 |

현장 결함방지

끝

문제6) 레미콘 회수의 재활용 및 품질관리 방안 설명

답)

Ⅰ. 개요

1) 회수수란 모래·자갈등의 세척수, 슬러지수, 상징수 등을 통틀어 지칭함

2) 회수수는 반드시 KS 규정에 맞는 제품만 사용가능

Ⅱ. Concrete 균열 발생 원인

균열발생 H₂O, CO₂

Bleeding

Watergain

Laitance

부등침하막 파리(열해)

골재팽창(경성반응) 2.6배 팽창

분파창 (동해)

Pop out

골재팽창 (AAR)

Ⅲ. 회수수의 재활용 및 품질 관리 방안

1) 염화물 함유량

구분	기준	비고
물	0.02% 이하	
모래 골재	0.04㎏/㎥ 이하	
콘크리트	0.3㎏/㎥ 이하	

2) 고강도 콘크리트 사용 금지

    ① 40MPa 이상의 고강도 콘크리트에

      사용금지

3) 혼화제와 병행 사용

    ① 감수제, 고성능 감수제, AE감수제와 혼용

Ball Bearing 효과   정전기반응(분산작용)

4) 배합시 강도 고려

구분	계산식
$f_{cr} \leq 35MPa$	$f_{ck} + 1.34s$
	$(f_{ck} - 3.5) + 2.33s$
$f_{cr} > 35MPa$	$f_{ck} + 1.34s$
	$0.9f_{ck} + 2.33s$

    f_{ck}는 설계기준 강도, s 압축강도 표준편차

5) Slump 측정 철저

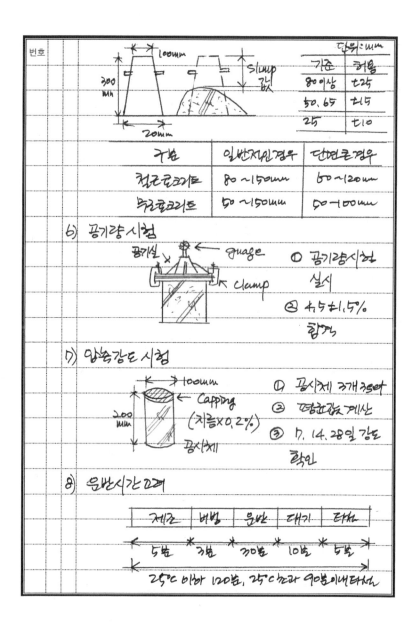

단위 : mm	
기준	허용
80 이상	±25
50, 65	±15
25	±10

기준	일반적인 경우	단면큰경우
철근콘크리트	80~150mm	60~120mm
무근콘크리트	50~150mm	50~100mm

6) 공기량 시험

① 공기량 시험 실시

② 4.5±1.5% 합격

7) 압축강도 시험

① 공시체 3개 3set

② 평균강도 계산

③ 7, 14, 28일 강도 확인

8) 운반시간 □레

제조	비빔	운반	대기	타설
5분	3분	30분	10분	5분

25℃ 이하 120분, 25℃ 초과 90분 이내 타설

▦ 결론

공기량 검사 4.5±1.5% →

염화물 함유량 검사 실시 → 회수 품질관의

압축강도 시험 실시 ↗ 끝

― 이 하 여 백 ―

#SIX-STEP

제 **8** 장

6단계 : 결전

01

시험 전날, 마음가짐 및 준비사항

시험 전날은 떨리기도 하고 긴장되기도 하고, 자신감이 있다가 없다가 하는 등 심적으로 불안하다. 어차피 겪어야 할 일이고 이것 때문에 100일이라는 시간 동안 노력했으니 준비를 잘해서 합격하면 된다. 시험 전날 준비사항에는 4가지가 있다.

첫째, 지금까지 정리했던 서브노트(용어, 아이템, 키포인트)가 제일 우선순위이다.

시험장에서 매 쉬는 시간과 점심시간에 서브노트를 보면서 정리한다.

둘째, 도시락이다.

도시락은 평소 먹는 대로 준비하는 것이 좋으며, 되도록 간단하게 준비한다. 김밥이나 야채 위주의 식단으로 준비하여 배탈 나는 것을 방지하는 것이 좋다. 배탈이 나서 시험을 포기한 수험자를 본 적 있다. 긴장한 상태에서 식사하기 때문에 간단하고 소화가 잘되는 음식으로 준비하기 바란다.

셋째, 손목시계이다.

손목시계는 필수품이다. 시험 보는 동안 가장 중요한 것이 시간 배분인데 시간 배분을 잘해야 시험점수를 높게 받을 수 있다. 시간 배분에는 전자시계보다 초시계가 활용도가 더 높다. 초시계에 1문제 시간을 표시하고 시간을 지키면서 답을 작성해야 한다. 잘 아는 문제도 지정된 시간 동안에만 작성해야 다음 문제를 작성할 수 있다. 아는 문제에 시간을 너무 많이 할애하면 다른 문제에 대한 답안 내용이 안 좋은 경우가 있다. 이를 방지하기 위해 한 문제당 시간을 꼭 준수해야 한다.

넷째, 당류 제품이다.

머리를 많이 쓰기 때문에 매시간 단것을 먹어야 한다. 필자는 주로 초코바를 먹었다. 칼로리도 높고 당이 많아 두뇌 회전에 도움이 되었다. 반면 초콜릿은 당은 높으나 많이 먹으면 머리가 무거워져 추천하고 싶지 않다.

다섯째, 시험 전날에는 일찍 자는 것이 좋다.

시험 전날 푹 자야 머리가 맑고, 머릿속 선반 위 물건의 위치가 기억이 잘 날 것이다. 전날까지도 공부를 하면 오히려 시험 당일에 두뇌 회전이 잘 안 될 수 있기 때문에 시험 전날은 10시 이전에 취침하는 것을 권한다. 시험 당일은 덤덤한 마음을 갖는 것이 좋다. 필자의 경우 시험 당일에 너무 긴장한 나머지 1교시 시험을 보는데, 5분 동안 멍하니 백지 상태에서 아무 생각도 안 나고 손이 떨려서 글을 쓸 수 없었다. 얼마나 긴장되던지 그때만 생각하면 지금도 머릿속이 하얗다. 지금 생각해 보면 그 당시에는 600시간에 대한 보상으로 꼭 합격해야 한다는 심리가 작용하여 더욱 긴장한 것 같다. 오히려 마음을 비우고 그동안 공부한대로만 하겠다고 하면 기억이 더 잘 나고 글도 잘 써진다. 너무 욕심내지 말고 그동안 연습했던 대로 100분 쓰기, 모의고사 때 연습했던 대로 마음 편하게 시험에 응시하기 바란다.

02

시험 당일, 시간 배분하는 방법

시험은 오전 9시부터 시작한다. 100분 시험, 20분 휴식으로 1교시가 2시간으로 구성된다. 그렇게 2교시 후에 점심시간 1시간, 다시 3, 4교시 시험을 본다. 그동안 공부한 것을 표현하기에는 터무니없이 부족한 시간이다. 또 업무에 종사했던 시간까지 합치면 실력을 하루에 평가하기는 억울한 면도 있지만 규정이니 따를 수밖에 없다. 한 교시는 100분으로 구성되며, 1교시의 경우 용어 설명으로 10분 쓰기 10문제이다. 13문제 중 10문제를 택해서 답을 작성하면 된다. 100분을 구성하는 방법은 먼저 5분간은 문제 선택과 어떤 패턴으로 답을 작성할지 정한다. 그중 자신 있는 문제와 자신 없는 문제를 나누어 자신 있는 문제는 10분을 다 활용하고, 자신 없는 문제는 7분 정도 활용하여 자신 있는 문제 위주로 답을 작성한다. 이때 지켜야 할 것은 아무리 자신 있는 문제라도 10분 이상을 넘기면 안 된다. 그래서 처음 5분 동안 답안 구성에 대해 생각하는 것이다. 10분간 어떤 내용을 작성할지 구상하고 평소 10분 쓰기 하던 대로 답안을 작성한다. 이때 반드시 초시계를 참고하여 시간을 정확히 지켜야 한다.

서술형 문제의 경우 한 문제당 25분인데 처음 5분간 문제 선택과 답안 작성을 구성해야 하기 때문에 자신 있는 문제는 25분, 자신 없는 문제는 22분 정도 배당하여 답안을 작성한다.

다음은 교시별 추천 시간 배분표이다.

구 분	배정시간		
	문제 선택/ 초안 작성	문제 풀이	최종 검토/ 마무리
용어 정의 문제 (100분, 문제당 10분)	5분	자신 있는 문제 10분 자신 없는 문제 7분	4분
서술형, 논술형 문제 (100분, 문제당 25분)	5분	자신 있는 문제 25분 자신 없는 문제 22분	3분

#AFTER PASSING

제 **9** 장

필기시험
발표 후 할 일

01

경력증명서류 접수

필기시험을 치른 후 45일 정도 지나면 합격자 발표를 한다. 합격의 순간은 어느 누구도 부럽지 않다. 그동안 고생한 대가이므로 더 값지다. 이제 합격자로서 해야 할 일이 있다. 먼저 응시자격에 대한 증빙서류를 제출해야 한다. 기술사의 응시자격은 국가기술자격법 시행령 별표4의2에 자세히 나와 있다. 응시자격을 확인하지 않고 시험을 보는 사람은 없으므로 경력증명서류는 크게 신경 쓸 일이 없다. 처음 한 번만 제출하면 두 번째부터는 제출하지 않아도 된다. 국가기술자격법 시행령 기술기능 분야 응시자격에 맞는 경력증명서를 온라인으로 제출한다.

기술사의 경우

① 기사 자격 취득 후 실무경력 4년
② 산업기사 자격 취득 후 실무경력 5년
③ 기능사 자격 취득 후 실무경력 7년
④ 4년제 대졸(관련 학과) 후 실무경력 6년
⑤ 동일 및 유사 직무 분야의 다른 종목 기술사 등급 취득자 등의 자격을 갖추면 된다.

02

면접 접수 및 준비방법

필기에 합격하면 바로 면접시험을 접수해야 한다. 면접시험은 일정 기간 동안 종목별로 나누어 치러지기 때문에 시험을 언제 볼지는 모른다. 접수 시 주요 경력사항과 실무경험을 작성하도록 되어 있는데 반드시 본인이 했던 것을 작성해야 한다. 면접관의 경우 수험자에 대해 아무 정보도 없기 때문에 공통질문이나 경력사항과 실무경험을 바탕으로 질문을 한다.

03

재도전 및 마지막 도전

합격자가 있으면 반드시 불합격자가 있다. 합격률이 필기시험의 경우 10% 내외이기 때문에 90%의 사람들은 불합격한다. 불합격은 새로운 시작이지 끝이 아니다. 불합격자도 점수가 중요하다. 40점대 이하로 불합격하면 처음부터 재검토해야 한다. 학원 문제부터 공부방식, 시간 배분 등의 전면적인 검토가 필요하다. 50점대로 불합격하면 가능성이 충분하다. 이런 사람들은 기술적인 지식은 풍부하지만 그것을 표현하는 방법이 부족해 불합격하는 경우이다. 이런 분들은 멘토를 구해야 한다. 기술사 기취득자나 과외선생님, 학원 강사 등으로부터 답안지 쓰는 요령을 배우면 합격률이 높아진다.

특히 이런 분들을 위해 이 책이 필요하다. 본문에서 하라는 대로만 하면 점수를 10점 정도 상향하는 데 문제없다. 다시 한번 말하지만 불합격은 새로운 도전의 시작이고, 새로운 도전은 반드시 마지막 도전이 되어야 한다.

부 록

기술사
관련 자료

01

기술사 관련 자료

(1) 시험 일정, 종목, 출제범위, 시간

기술사는 1년에 3회 치러진다. 연말쯤 다음해에 치러질 시험 일정이 큐넷(www.q-net.com) 게시판에 공고된다. 주로 지금까지의 일정으로 보면 1회가 1월 말~2월 초 사이 토요일이나 일요일에 치러지는데 현재는 주로 토요일에 치러진다. 시험 접수부터 시험, 면접까지 연간 3회의 일정이 다음과 같이 공고된다.

회 별	필기시험			응시자격 서류 제출	실기(면접)시험		
	원서접수 (인터넷)	시험 시행	합격 (예정)자 발표		원서접수 (인터넷)	시험 시행	합격자 발표
제123회	1.5~1.8	1.30	3.5	2.1~3.16	3.8~3.11	4.10~4.20	5.7
제124회	4.27~4.30	5.23	7.2	5.24~7.13	6.14~6.17 7.5~7.8	8.8~8.17	9.3
제125회	7.6~7.9	7.31	9.10	8.2~9.24	9.13~9.16	10.16~10.26	11.12

원서를 접수하면 4주 정도 후에 1차 필기시험을 본다. 시험 후 합격자 발표까지 약 5주 정도 소요되며, 1차 필기시험에 합격하면 면접 접수하고 면접까지 5주, 최종 합격자 발표까지 3주 정도 소요된다. 원서를 접수하고 4개월 후에 기술사 자격증을 받을 수 있다.

필자는 1회 시험을 선호하는 편이다. 연말연시에 공부를 시작하여 1회 시험을 보고 합격하면 면접을 그해에 3번까지 볼 수 있기 때문에 1회 시험 합격이 최종 합격까지 갈 확률이 높다. 기술사 시험 종목 중 1년에 3회 모두 시행되는 종목이 있고 1, 2회만 시행되는 종목이 있다. 자신이 준비하는 기술사 종목이 몇 회에 시행되는지 반드시 파악해야 낭패를 보지 않는다. 예를 들면 건축시공기술사의 경우 수요가 많기 때문에 1년에 3회 시행되나 건축품질시험기술사의 경우 1년에 1회, 토목품질시험기술사의 경우 1년에 2회 시행된다. 매년 일정과 함께 횟수별 시험 종목을 큐넷 홈페이지 게시판에 공고하니 반드시 확인하여 불이익이 없도록 해야 한다. 여기서 잠깐 짚고 넘어가야 할 부분은 시험 횟수가 곧 면접 횟수라는 것이다.

면접은 2년간 유효하기 때문에 1년에 3회 시행되는 건축시공기술사의 경우 6회의 면접 기회가 있고, 1년에 1회 시행되는 건축품질시험기술사의 경우 2회의 면접 기회가 있다.

기술사 시험은 종목별로 출제범위가 정해져 있기 때문에 계획을 세우는 데 편리하다. 종목별 시험문제 출제 기준은 큐넷 홈페이지에 종목별로 자세하게 나와 있다. 시험은 하루에 4교시로 이루어지며 매 교시는 100분, 즉 1시간 40분이다. 1교시의 경우 1시간 40분 동안 10문제를 풀어야 하므로, 1문제당 배점시간은 10분 정도이다. 10분 동안 33줄(1.5페이지 정도 분량)의 답안을 작성해야 한다. 2~3교시는 77줄(3.5페이지 정도 분량)의 답안을 작성해야 한다. 4문제를 100분간 풀어야 하므로 1문제당 배점시간은 25분이다.

다음 표는 필자가 만든 교시별 Time Table이니 참고하기 바란다.

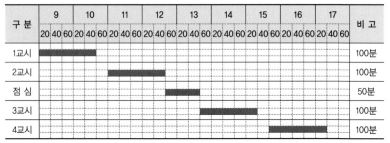

구 분	9			10			11			12			13			14			15			16			17			비 고
	20	40	60	20	40	60	20	40	60	20	40	60	20	40	60	20	40	60	20	40	60	20	40	60	20	40	60	
1교시	█	█	█	█	█																							100분
2교시							█	█	█	█	█																	100분
점 심													█	█	█													50분
3교시																█	█	█	█	█								100분
4교시																						█	█	█	█	█		100분

※ 매 교시 쉬는 시간은 20분으로 1교시는 120분

(2) 기술사 통계 자료

한국산업인력공단에서는 매년 종목별 합격률을 공개한다. 필자가 그 자료를 토대로 다음과 같이 분석해 보았다(분석 기준 : 2015~2019년까지 접수자, 응시자, 합격자, 종목별로 응시율이 높은 토목시공기술사, 건축시공기술사, 건설안전기술사 분야).

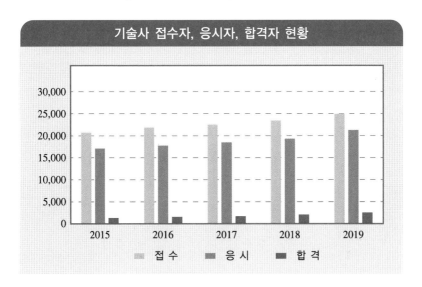

위의 그래프를 보면 매년 평균 22,690명이 접수하며 18,780명 (약 83%)이 응시하고 그중 1,762명이 합격한다. 합격률은 응시자 대비 9.38%로 10%도 안 된다.

응시자가 많은 세 종목을 분석해 보면 그나마 희망이 생긴다. 합격률이 평균보다 높다. 토목시공기술사의 경우 매년 접수자는 3,224명이고, 응시자는 평균 2,628명(약 82%)이며, 합격자는 284명 (평균 10.81%)으로 평균보다 높은 합격률을 보인다. 그래프를 보면 매년 응시자도 늘고 합격자도 늘고 있음을 알 수 있다.

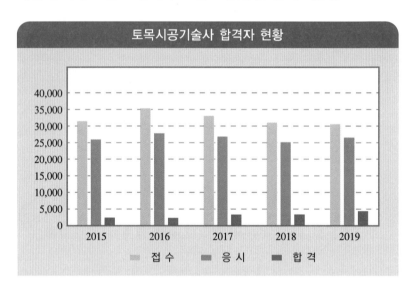

건축시공기술사의 경우 다음 그래프에서 보는 것처럼 매년 2,821명이 접수하고, 그중 평균 2,259명(약 80%)이 응시하여 212명이 합격한다. 합격률은 9.37%로 평균과 비슷하다.

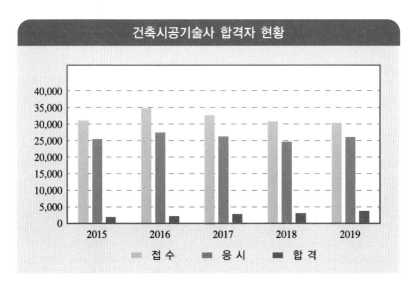

마지막으로 건설안전기술사의 경우 예전에 비해 접수자가 많이 늘었다.

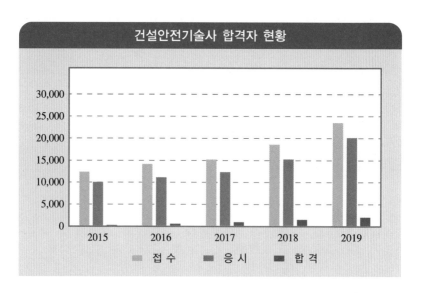

	접 수	응 시	합 격	합격률
2015	1,272	1,041	52	5.00%
2016	1,449	1,147	75	6.54%
2017	1,555	1,272	122	9.59%
2018	1,892	1,552	168	10.82%
2019	2,395	2,060	228	11.07%
소 계	8,563	7,072	645	9.12%
평 균	1,713	1,414	129	9.12%

02

시험장의 환경

시험장은 일반 국가자격시험을 치는 시험장과 비슷하다. 중요한 것은 시험장별 접수 인원이 한정이 되어 있어 조금만 늦게 접수하면 원하는 곳에서 시험을 볼 수 없다. 주로 고등학교에서 치러지는데 약 400명 정도 선착순이다 보니 선호도가 높은 곳은 접수 첫날 오전에 일찍 마감된다. 특히, 경기 서남부권은 유명 콘서트 티켓이 매진되듯이 금방 마감된다. 달력에 접수일을 표시해 두고 그날 아침에 접수해야 한다. 접수장까지의 교통편은 대중교통보다는 자신의 차로 이동하는 것이 좋은데, 대부분의 시험장에 주차장이 없으니 가족의 도움을 받는 것이 좋다. 한 번쯤 수험자의 특권을 누려도 된다. 시험 중간에 점심시간이 제공되는데 점심은 야외에서 간단하게 도시락으로 식사하기 바란다. 실내에 오래 있으면 산소결핍이 오기도 하니 점심시간만이라도 야외에서 보내기 바란다.

03

필기구

필자가 공부하면서 많이 물어본 질문 중에 하나는 '어떤 펜을 쓰시나요?'이다. 필자는 2가지 필기구를 사용한다. 하나는 굵고 진한 수성펜이고, 하나는 1.0mm 이상의 볼펜이다. 도표나 그림은 볼펜으로 그리고, 글씨는 수성펜을 사용한다. 어떤 제품을 특정지어 말할 수 없지만, 볼펜의 경우 M사 1.0mm 제품을 사용한다. 하얀 종이에 아주 진한 검은색 글씨로 답안지를 작성하면 읽는 사람의 눈이 피로하지 않다. 또한 글씨가 도드라져 보이기 때문에 깔끔한 답안지를 작성할 수 있다.

04

답안지 양식

답안지 양식은 큐넷에서 다운로드 받을 수 있다. 큐넷 자료실에 연습용 답안지 양식을 제공하니 프린트해서 사용한다. 프린트할 때는 반드시 양면 인쇄를 하기 바란다. 양면으로 쓰는 것을 습관화해야 시험 당일 답안지 작성 시 유리하다. 또한, 14페이지씩 묶음으로 사용하면 좋다. 다음은 큐넷에서 제공하는 답안지 양식이다. 총 7매로, 14페이지가 제공되며 한 페이지는 22줄로 구성되어 있다.

번호			

HRDK 한국산업인력공단

05

답안 작성 시 유의사항

답안 작성 시 유의사항을 숙지하여 실수하지 않도록 해야 한다. 다음은 시험장에서 배부되는 답안지 앞면에 기재되어 있는 유의사항으로 필요한 부분만 재해석한 것이다.

① 답안지는 반드시 검은색 필기구만 사용해야 한다.
   연필류, 유색 필기구 등으로 작성한 답안은 0점 처리된다.
② 답안 정정 시에는 두 줄(=)을 긋고 다시 기재 가능하며, 만약 한 페이지 가량을 잘못 기재했을 경우 위아래 두 줄을 긋고 중간에 ✕를 하면 된다. 수정테이프(액) 등을 사용했을 경우 채점상의 불이익을 받을 수 있다.

③ 답안지 첫 장은 연습지라고 쓰여 있는데, 그 부분에 그림 연습 등을 하면 되지만 거의 쓸 일은 없고 시험지에 직접 작성방식을 쓰는 것이 효율적이다.

④ 답안 작성 시 자(직선자, 곡선자, 템플릿 등)를 사용할 수 있다.

⑤ 문제의 순서와 관계없이 답안을 작성해도 되지만 순서에 맞게 작성하는 것이 좋으며, 전문용어는 원어를 기재해도 무방하지만 가능한 한 약어는 사용하지 않는 것이 좋다 (예 coc'c, pt, rt, ut. 등).

⑥ 각 문제의 답안 작성이 끝나면 '끝'이라고 쓰고, 다음 문제는 두 줄을 띄워 기재한다. 최종 답안 작성이 끝나면 그 다음 줄에 '이하 빈칸'이라고 쓴다.

기술사를 취득하려고 하는 분들은 모두 어느 정도 실력을 갖추고 있다. 기술사 시험은 경력을 필요로 하는 시험이기 때문에 실무에 대한 지식은 풍부하지만, 자신만의 특화된 답안지를 만들지 못해서 아쉽게 탈락하는 경우가 많다. 자신이 아는 것을 어떻게 표현을 할지 몰라서 아쉽게 탈락하는 것이다.

이 책은 그동안 필자가 알고 있는 답안지 작성법 위주로 설명하였다. 읽어 보면 '굳이 이렇게까지 해야 하나?'라는 생각이 들 수도 있고, 이것보다 더 좋은 방법을 갖고 있는 사람도 있다. 어떤 방법을 적용해도 좋다. 단지 중요한 것은 600시간을 채워야 하는 것과 그중에 200시간은 쓰기시간으로 채워야 한다는 것이다. 200시간이 많은 것 같지만 그렇지 않다. 우리는 고등학교 때 하루 18시간 정도 공부했을 것이다. 그중의 5분의 1만 투자하면 되는 것이다. 잠자는 시간을 좀 줄이고, 술 마시는 양과 횟수를 좀 줄이면 누구나 기술사라는 타이틀을 가질 수 있다. 이 책의 내용대로만 하면 100% 합격할 수 있다. 만약 이 책의 내용대로 시험을 준비했는데 탈락한 사람이 있으면 찾아오기 바란다. 아마 없으리라고 자신한다. 이제 우리 모두 기술사가 될 수 있다. 이 책에서 시키는 대로만 하자.

끝으로 이 책을 쓰는 이유는 정말 절실한 사람들을 위해서이다. 답안지 작성도 별도로 다시 만든 것이 아니라 공부하면서 작성한 것을 그대로 실었기 때문에 빈틈이 많이 보이고, 지저분하게 작성한 내용을 있는 그대로 실었다. 다소 불편하게 보는 사람도 있겠지만, 이렇게 공부하고 연습해야 된다는 것을 보여 주기 위함이기 때문에 형식보다는 내용을 보길 바란다. 모의고사 시험지에 적힌 내용도 시간을 계산하기 위해 일부러 쓴 것이다. 이러한 부분은 그대로 넘기고 다시 한번 그 안의 내용을 보길 바란다.

반복적으로 이야기하지만 이 책은 기술사 분야에 대한 지식을 알려 주기 위한 것이 아니다. 지식은 필자보다 아는 사람이 많을 것이다. 다만 공부할 시간은 많은데 시험에 불합격하는 사람, 항상 1~2점 차로 탈락하는 사람, 될 듯 될 듯 안 되는 사람 등 이런 사람들에게 자신이 알고 있는 것을 표현하는 방법과 자신만의 차별화된 답안지를 작성하는 방법에 대해 도움을 주고자 이 책을 집필하였다. 혹시라도 필자에게 물어보고 싶거나 알고 싶은 것이 있으면 주저

없이 연락 바란다(필자 이메일 주소 : imisu@naver.com).

끝으로 사회생활을 하면서 항상 기억하고 있는 명언으로 마친다.

Insanity is doing the same thing over and over again
and expecting different results.

− Albert Einstein −

좋은 책을 만드는 길
독자님과 함께하겠습니다.

기술사 3관왕이 알려주는 기술사 한번에 합격하기

초 판 발 행	2021년 10월 05일 (인쇄 2021년 08월 24일)
발 행 인	박영일
책 임 편 집	이해욱
저 자	이문호
편 집 진 행	윤진영 · 최 영
표지디자인	조혜령
편집디자인	심혜림
발 행 처	(주)시대고시기획
출 판 등 록	제10-1521호
주 소	서울시 마포구 큰우물로 75 [도화동 538 성지 B/D] 9F
전 화	1600-3600
팩 스	02-701-8823
홈 페 이 지	www.edusd.co.kr
I S B N	979-11-383-0537-2(13500)
정 가	25,000원